广州铁路职业技术学院资助出版
职业教育校企合作双元开发工作手册式教材
高等职业院校技能型人才培养新形态一体化教材

Arduino 嵌入式系统应用开发

主　编　刘国成
副主编　张　杨　霍　睿　丁　好

西南交通大学出版社
·成　都·

图书在版编目（CIP）数据

Arduino 嵌入式系统应用开发 / 刘国成主编. —成都：西南交通大学出版社，2020.11
ISBN 978-7-5643-7766-3

Ⅰ. ①A… Ⅱ. ①刘… Ⅲ. ①单片微型计算机 – 程序设计 Ⅳ. ①TP368.1

中国版本图书馆 CIP 数据核字（2020）第 209284 号

Arduino Qianrushi Xitong Yingyong Kaifa
Arduino 嵌入式系统应用开发

主编 刘国成

责任编辑 李晓辉
助理编辑 赵永铭
封面设计 何东琳设计工作室

出版发行 西南交通大学出版社
（四川省成都市金牛区二环路北一段 111 号
西南交通大学创新大厦 21 楼）
邮政编码 610031
发行部电话 028-87600564 028-87600533
网址 http://www.xnjdcbs.com
印刷 四川玖艺呈现印刷有限公司

成品尺寸 185 mm × 260 mm
印张 18.5
字数 427 千
版次 2020 年 11 月第 1 版
印次 2020 年 11 月第 1 次
定价 68.00 元
书号 ISBN 978-7-5643-7766-3

课件咨询电话：028-81435575
图书如有印装质量问题 本社负责退换

前言
PREFACE

本书是针对高职高专院校项目化教学需要编写的一本教材。校企合作双元开发、工作手册式、新形态信息化教学、“教、学、做”一体是本书的特点。在考虑学生知识发展和技能需求的基础上，本书打破了以讲授知识为主线的传统教学方式和学习方法，把知识点、技能点、经验点融合在一起，嵌入到项目教学中。在项目中，以项目任务方式在课堂上引导学生完成技能和知识的学习，同时讲解相关的必要知识要点，通过设置技能训练任务让学生积累项目开发经验，最后以总结形式介绍项目开发方法和技巧。每个项目的设计和每个任务的编排都力求由易到难、由小到大、螺旋式逐渐推进。本书的内容基本涵盖了 Arduino 嵌入式编程的常用开发技术，为后续课程学习奠定了基础。通过完成教程中的项目和任务，可以达到 Arduino 嵌入式项目开发的基本技能和知识要求，满足 Arduino 嵌入式开发的需求。

本书适用于计算机应用技术、物联网应用技术、人工智能应用技术、虚拟现实应用技术等专业，本书采用“项目导向、任务驱动”架构、以工作手册式新形态教材理念来编写，并配套开发有相应的信息化课件及教学资源。

本书按照项目式的要求来编写，根据实际工作中 Arduino 嵌入式项目开发的常见技术要求，组织了 6 个循序渐进的项目。项目内容涉及嵌入式系统开发平台搭建、嵌入式系统灯控原理及装置设计、嵌入式系统常用元件原理与使用、嵌入式系统显示原理及编程、嵌入式系统传感器件原理与应用、嵌入式系统无线遥控原理与控制等，涵盖了嵌入式基础开发技术和实践技能。依照 Arduino 嵌入式开发的典型工作过程实施“教、学、做”一体的教学思路，通过工作任务实施和任务拓展，将 Arduino 嵌入式开发技术中的“知识点、技能点、经验点”有机结合在一起。通过教，记住知识点；通过学，掌握技能点；通过做，获得经验点。在学习每个项目时，建议读者先对任务有个了解，然后通过任务实施来掌握相应知识点和技能点，并通过技能实战训练（工作拓展）来进一步提升技能和获取经验。

本书参考学时为 76 学时，其中建议教师讲授 38 学时，学生实训 38 学时，理论和实践比例为 1∶1，学时分配表如下：

项　目	课程内容	学时分配	
		讲　授	实　训
项目 1	嵌入式系统开发平台搭建	4	4
项目 2	嵌入式系统灯控原理及装置设计	8	8
项目 3	嵌入式系统常用元件原理与使用	8	8
项目 4	嵌入式系统显示原理及编程	5	5
项目 5	嵌入式系统传感器件原理与应用	8	8
项目 6	嵌入式系统无线遥控原理与控制	5	5
课时小计		38	38
总课时合计		76	

本书项目 1、项目 2、项目 3、项目 4（不含任务 4-3、任务 4-4、任务 4-5）、参考文献由主编刘国成撰写完成（约 24 万字），项目 5 和任务 4-3 由副主编张杨撰写完成（约 9 万字），项目 6 和任务 4-4 由副主编霍睿撰写完成（约 6.6 万字），项目 4 任务 4-5 由副主编丁妤撰写完成（约 1.1 万字）。

本书由广州铁路职业技术学院刘国成博士等人与华为技术有限公司、荔峰科技（广州）有限公司、广州口可口可软件科技有限公司、广州飞瑞敖电子科技有限公司、上海影创公司、深圳学必优教育科技有限公司等企业合作开发。本书内容能够对接智能计算平台应用开发"1＋X"职业技能等级证书（中级）、虚拟现实应用开发"1＋X"职业技能等级证书（中级）、计算机视觉应用开发"1＋X"职业技能等级证书（中级）等的相关知识和技能。本书开发过程中得到了上述企业肖茂财、林明静、刘勋、闵瑞、梅宇、彭瀚林、丁妤、李伟、陈俊、李凯、刘余和、李新等人的支持和帮助，在此表示由衷感谢！

由于编者水平有限，时间仓促，书中可能存在不妥之处，敬请批评指正。

本书源码下载

编　者

2020 年 7 月

目录
CONTENTS

项目 1 嵌入式系统开发平台搭建

项目 1 PPT

知识目标

- 认识 Arduino 开发环境。
- 了解 Arduino 编程技术。
- 掌握 Arduino 软件的安装方法。
- 掌握 Arduino 开发环境的搭建流程。
- 掌握 Arduino 应用程序项目的创建方法。

技能目标

- 懂 Arduino IDE 软件的安装与配置。
- 会创建和运行 Arduino 应用程序项目。
- 能独立搭建 Arduino 嵌入式系统开发环境。

工作任务

- 任务 1-1　嵌入式开发平台搭建
- 任务 1-2　嵌入式系统程序设计
- 任务 1-3　嵌入式开发环境测试
- 任务 1-4　嵌入式系统电路设计

任务 1-1　嵌入式开发平台搭建

项目 1 操作视频

【任务要求】

1. 任务目标

完成 Arduino 嵌入式编程开发环境的搭建，效果如图 1-1 所示。

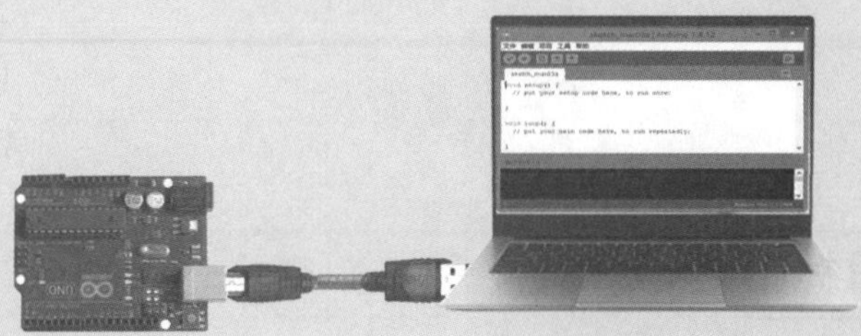

图 1-1　Arduino 程序开发环境

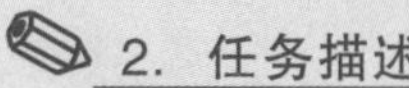

2. 任务描述

Arduino 开发平台搭建包括硬件安装和软件安装等 2 部分。其中硬件安装需要计算机、Arduino 开发板和 USB 数据线。软件安装需要安装 Arduino IDE 软件和配置 Arduino UNO 开发板驱动程序。

3. 任务分析

Arduino 嵌入式开发平台的硬件安装非常简单，只需要将 Arduino UNO 开发板与计算机（台式电脑或笔记本电脑）通过 USB 数据线连接好即可。USB 数据线使用 A 型公口转 B 型公口，其中 USB 数据线的 B 型公口连接 Arduino UNO 开发板，A 型公口连接计算机的 USB 接口。

Arduino 嵌入式开发平台的软件安装需要到 Arduino 官网（www.arduino.cc）下载 Arduino IDE 安装软件，然后在计算机中运行安装程序，最后在操作系统中配置好 Arduino UNO 开发板的驱动程序。

【工作准备】

1. 材料准备

Arduino 嵌入式开发平台搭建需要准备好计算机、Arduino UNO 开发板、USB 数据线等硬件设备和材料，如表 1-1 所示。

表 1-1　任务 1-1 设备及材料清单

序号	元件名称	规　格	数　量
1	计算机	台式电脑或笔记本电脑	1 台
2	开发板	Arduino UNO	1 个
3	数据线	USB	1 条

2．注意事项

（1）作业前请检查是否穿戴好防护装备（护目镜、防静电手套等）。

（2）检查电源及设备材料是否齐备、安全可靠。

（3）作业时要注意摆放好设备材料，避免伤人或造成设备材料损伤。

【任务实施】

1. 下载 Arduino IDE 软件

在浏览器地址栏中输入 Arduino 官网网址“www.arduino.cc”，在 Arduino 官网首页中选择【SOFTWARE】菜单项，进入 Arduino IDE 软件下载页面，如图 1-2 所示。点击“Windows 免安装 ZIP 包”，下载 Arduino IDE 免安装 ZIP 包。

图 1-2　下载 Arduino IDE 免安装 ZIP 包

2. 安装及设置 Arduino IDE 编程环境

（1）双击下载后的 Arduino IDE 免安装 ZIP 包（这里下载的是 arduino-1.8.12 免安装 ZIP 包，使用 WinRAR 软件进行解压），将 Arduino IDE 免安装 ZIP 包解压到本地磁盘（C:），如图 1-3 所示。

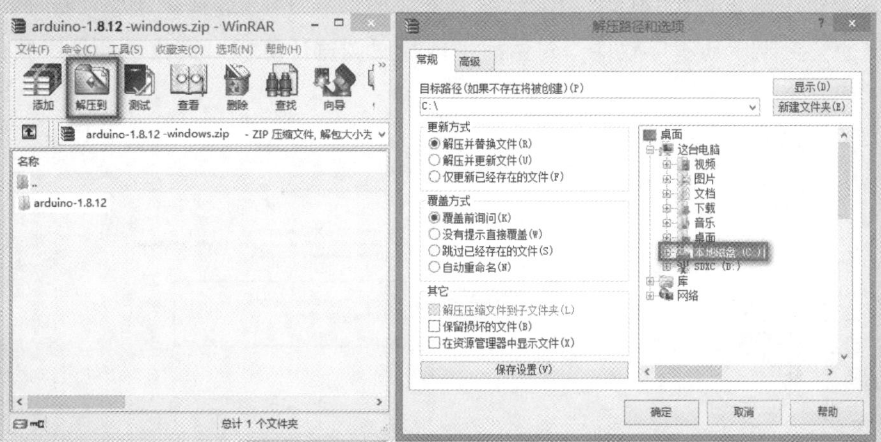

图 1-3　解压 Arduino IDE 免安装 ZIP 包

（2）解压完成后，打开文件目录“C：\arduino-1.8.12\”，可以看见如图 1-4 所示目录。

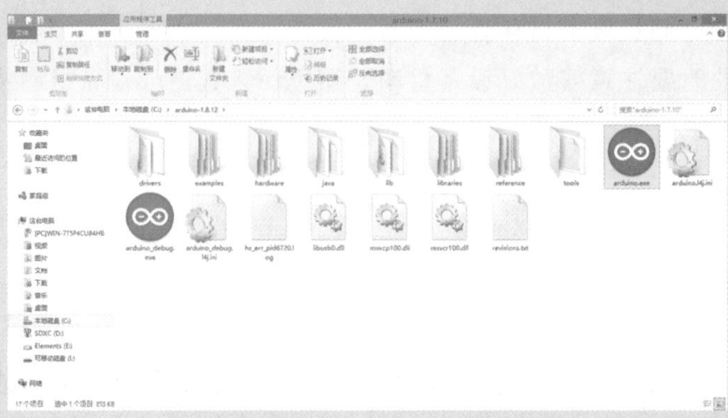

图 1-4　解压完成后的 Arduino 目录

3. 配置 Arduino 驱动程序

（1）用配备的 USB 数据线将 Arduino UNO 开发板和计算机的 USB 接口连接起来，如图 1-5 所示。

图 1-5　Arduino UNO 开发板和计算机的连接

（2）打开设备管理器，如图 1-6 所示，右键点击端口（COM 和 LPT）下的 USB 设备（若设备出现红叉则表示没有安装驱动程序），选择更新驱动程序，在弹出的“更新驱动程序软件”对话框中选择“浏览计算机以查找驱动程序软件”进入下一步。

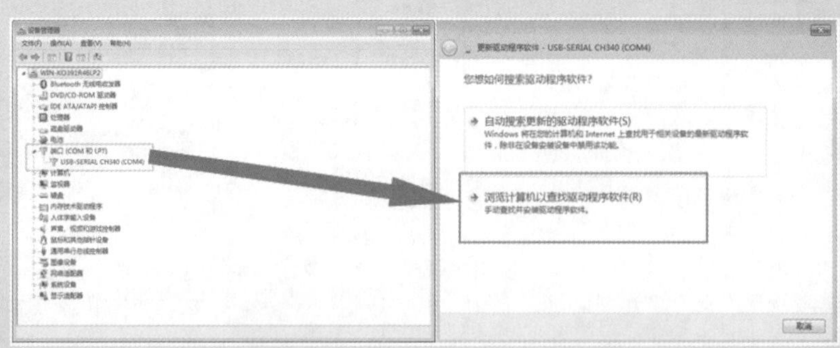

图 1-6　安装 Arduino UNO 开发板驱动程序

（3）将查找驱动程序的位置指定到 Arduino IDE 的安装目录下的驱动目录，例如“C:\ arduino-1.8.12\drivers”，如图 1-7 所示。点击“下一步”按钮，等待计算机自动搜索并安装驱动。

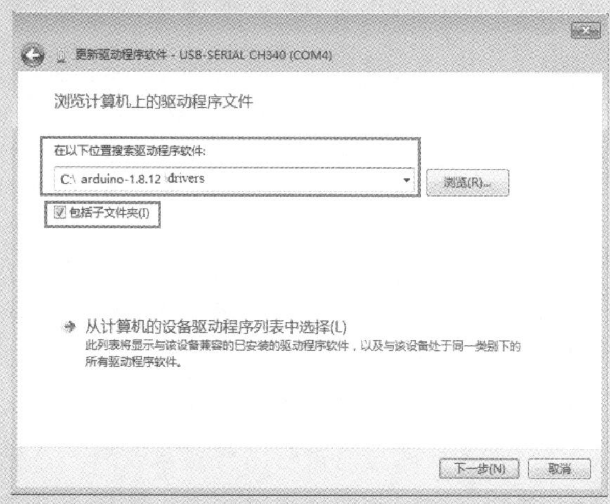

图 1-7　指定搜索驱动程序软件的目录

（4）驱动安装正确之后在设备管理器中会显示如图 1-8 所示内容，点击“关闭”按钮完成驱动程序软件的安装。

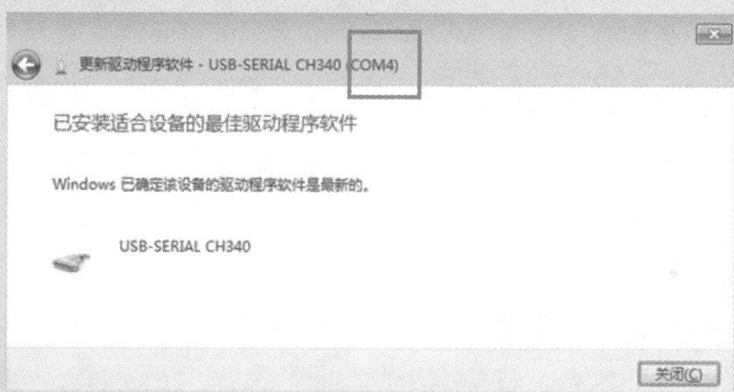

图 1-8　驱动程序软件安装成功

（5）运行 Arduino IDE 软件。打开解压后的 Arduino IDE 的目录，双击“arduino.exe”，启动 Arduino IDE 软件。

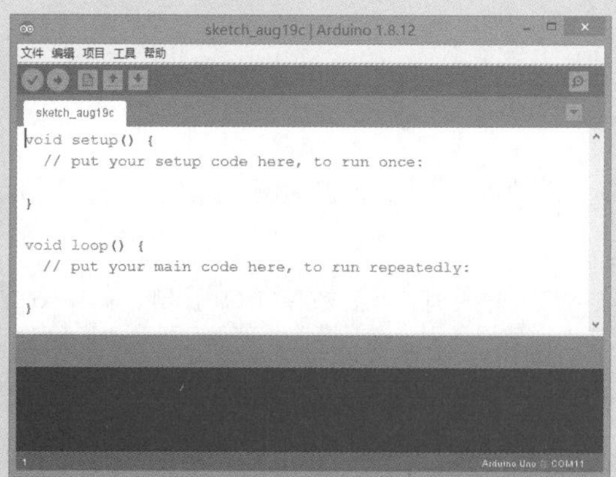

图 1-9　启动 Arduino IDE 软件

【技术知识】

1．认识 Arduino

Arduino 是源自意大利的一个开放源代码的硬件项目平台，该平台包括一块具备简单 I/O 功能的电路板以及一套程序开发环境软件。它可以被用来制作许多有趣的创意电子制作，比如电子时钟、四轴飞行器、宠物喂食机、3D 打印机、电子显微镜等。目前，全球 Arduino 电子爱好者们还在不断开发基于 Arduino 的创意电子制作。

对于普通人来说，传统的集成电路应用比较烦琐，一般需要具有一定电子知识基础，并懂得如何进行相关程序设计的工程师才能熟练使用。但是 Arduino 的出现让曾经只有专业人士才能使用的集成电路变为平易近人的电子设计工具，即使没有程序设计基础，也可以通过简单的学习，掌握使用 Arduino 的方法。为了实现这一目标，Arduino 从两方面进行了努力与改进。首先，在硬件方面，Arduino 本身是一款非常容易使用的印刷电路板。电路板上装有专用集成电路，并将集成电路的功能引脚引出方便我们外接使用。同时，电路板还设计有 USB 接口方便与计算机连接。其次，在软件方面，Arduino 提供了专门的程序开发环境 Arduino IDE。其界面设计简洁，没有接触过程序设计的爱好者们也可以轻松上手。

Arduino 是一款不错的电子设计工具，它简单易用、开源、资料丰富，它不仅给专业人士提供了电子开发的便捷途径，更是普通人实现自己创意设计的开发平台。

2．认识 Arduino UNO 开发板

Arduino UNO 开发板是一款基于 ATmega328P 的微控制器板。它有 14 个数字输入/输出引脚（其中 6 个可用作 PWM 输出）、6 个模拟输入、16 MHz 晶振时钟、USB 连接、电源插孔、ICSP 接头和复位按钮，如图 1-10 所示。只需要通过 USB 数据线连接电脑就能供电、程序下载和数据通信。

Arduino UNO 开发板的一些重要引脚：

Power 引脚：开发板可提供 3.3 V 和 5 V 电压输出，Vin 引脚可用于从外部电源为开发板供电。

Analog In 引脚：模拟输入引脚，开发板可读取外部模拟信号，A0~A5 为模拟输入引脚。

Digital 引脚：UNO R3 拥有 14 个数字 I/O 引脚，其中 6 个可用于 PWM（脉宽调制）输出。数字引脚用于读取逻辑值（0 或 1），或者作为数字输出引脚来驱动外部模块。标有"~"的引脚可产生 PWM。

TX 和 RX 引脚：标有 TX（发送）和 RX（接收）的两个引脚用于串口通信。其中标有 TX 和 RX 的 LED 灯连接相应引脚，在串口通信时会以不同速度闪烁。

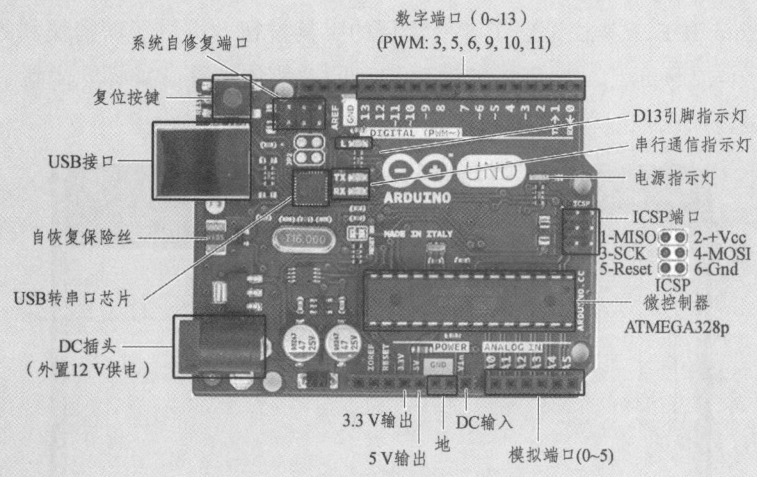

图 1-10　Arduino UNO 开发板

13 引脚：开发板标记第 13 引脚，连接板载 LED 灯，可通过控制 13 引脚来控制 LED 灯亮灭。一般拿到开发板上电板载灯都会闪烁，可辅助检测开发板是否正常。

3．认识 Arduino IDE 编程软件

Arduino IDE 是一款用于 Arduino 开发板的编程开发工具。在开发 Arduino 项目时，一般都会使用 Arduino IDE。它易于使用，支持目前所有主流的 Arduino 开发板，并且它有一个内置的库管理器，非常方便也容易使用。此外，Arduino IDE 非常人性化，没有太多选项，你不必担心它是如何工作的，只关注开发过程即可。使用 Arduino IDE，可以轻松编写 Arduino 代码，并将编译后的代码上传到 Arduino 开发板中。Arduino IDE 编程软件的主界面如图 1-11 所示，可以分为菜单栏、工具栏、代码编辑区、调试提示区等部分，其中工具栏上还有一个串口监视器，用于监视串口数据的传输。

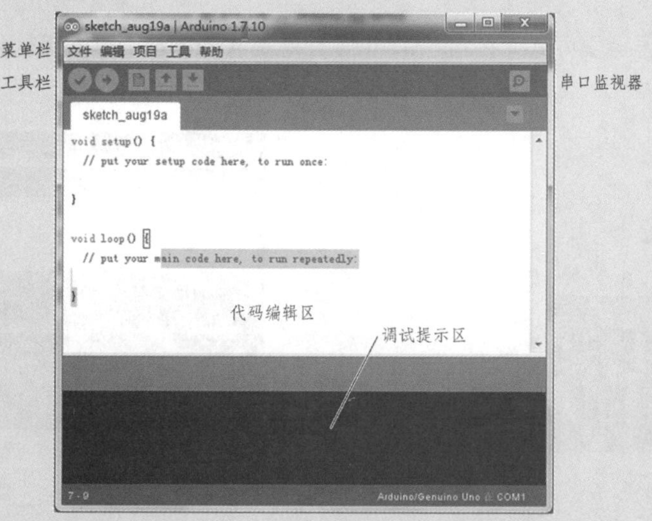

图 1-11　Arduino IDE 主界面

Arduino IDE 工具栏设置了 5 个常用的工具按钮，提供了快捷便利的执行功能，如图 1-12 所示。从左到右的顺序按钮的功能依次是：编译、上传、新建程序、打开程序、保存程序、串口监视器。

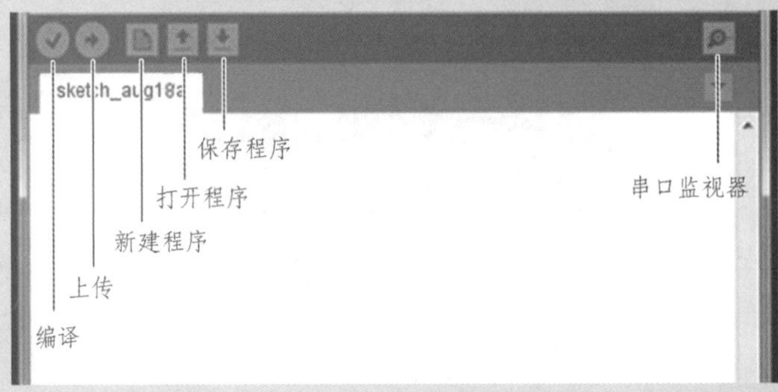

图 1-12　Arduino IDE 主界面工具栏

各个工具按钮的功能如表 1-2 所示。

表 1-2　各个工具按钮的功能

按钮名称	功　能
编译	验证程序是否编写有错误，如果没有错误则编译该项目
上传	将程序下载到 Arduino 控制器上，就是所谓的烧录
新建	新建一个项目，新建项目会打开一个新的 IDE 窗口
打开	打开一个项目
保存	保存当前 IDE 的项目
串口监视器	IDE 自带的一个串口监视程序，可以查看发送或接收的数据

【工作拓展】

根据上述操作方式，在自己的电脑上完成 Arduino IDE 编程软件的安装和驱动配置。

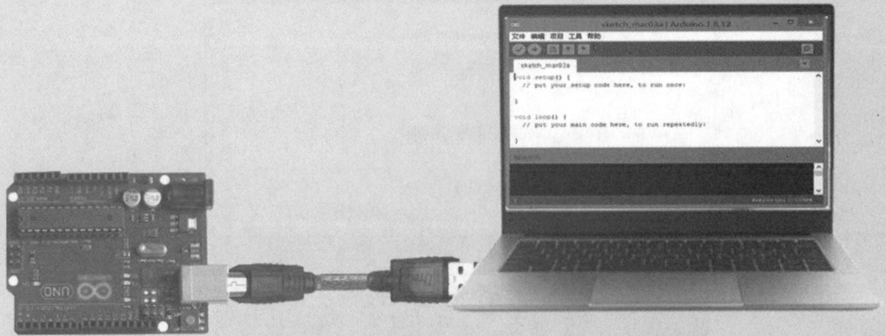

图 1-13　Arduino 连接示意图

【考核评价】

1．任务考核

表 1-3　任务 1-1 考核表

考核内容		考核评分		
项目	内　容	配分	得分	批注
工作准备（30%）	能够正确理解工作任务 1-1 内容、范围及工作指令	10		
	能够查阅和理解技术手册，确认 Arduino UNO 开发板技术标准及要求	5		
	使用个人防护用品或衣着适当，能正确使用防护用品	5		
	准备工作场地及器材，能够识别工作场所的安全隐患	5		
	确认设备及工具量具，检查其是否安全及正常工作	5		
实施程序（50%）	正确辨识工作任务所需的 Arduino UNO 开发板	10		
	正确检查 Arduino UNO 开发板有无损坏或异常	10		
	正确选择 USB 数据线	10		
	正确选用工具进行规范操作，完成装置安装、调试和维护	10		
	安全无事故并在规定时间内完成任务	10		
完工清理（20%）	收集和储存可以再利用的原材料、余料	5		
	遵循维护工作程序清洁垃圾、清洁和整理工作区域	5		
	对工具、设备及开发板进行清洁	5		
	按照工作程序，填写完成作业单	5		
考核评语	考核人员：　　　　日期：　　年　月　日	考核成绩		

2．任务评价

表 1-4　任务 1-1 评价表

评价项目	评价内容	评价成绩	备注
工作准备	任务领会、资讯查询、器材准备	□A □B □C □D □E	
知识储备	系统认知、原理分析、技术参数	□A □B □C □D □E	
计划决策	任务分析、任务流程、实施方案	□A □B □C □D □E	
任务实施	专业能力、沟通能力、实施结果	□A □B □C □D □E	
职业道德	纪律素养、安全卫生、器材维护	□A □B □C □D □E	
其他评价			
导师签字：	日期：	年　月　日	

注：在选项“□”里打“√”，其中 A：90～100；B：80～89；C：70～79；D：60～69；E：不合格。

任务 1-2　嵌入式系统程序设计

项目 1 操作视频

【任务要求】

1. 任务目标

使用 Arduino IDE 软件编写一个 Arduino 项目程序，实现 Arduino UNO 和计算机之间的串口通信。

2. 任务描述

本次任务通过在 Arduino IDE 中创建 Arduino 程序项目，并设计与编写 Arduino 应用程序来实现开发板与计算机之间的串口通信。从而以此了解 Arduino 嵌入式系统程序设计方式，熟悉 Arduino IDE 软件的编程环境，掌握 Arduino IDE 软件的使用方法。

3. 任务分析

在 Arduino IDE 编程环境中，对 Arduino 程序进行设计和编写，首先需要创建一个 Arduino 程序项目，然后在代码编辑区中完成程序代码的编写。本次任务将使用 Arduino 程序中 Serial 函数来实现串口通信，同时讲解如何创建 Arduino 程序项目和编写 Arduino 程序代码。

【工作准备】

1. 材料准备

Arduino 开发编程需要准备好 Arduino UNO 开发板、计算机、USB 数据线等硬件设备和材料，如表 1-5 所示。

表 1-5　任务 1-2 设备及材料清单

序号	元件名称	规格	数量
1	计算机	台式电脑或笔记本电脑	1 台
2	开发板	Arduino UNO	1 个
3	数据线	USB	1 条

2. 安全事项

（1）作业前请检查是否穿戴好防护装备（护目镜、防静电手套等）。

（2）检查电源及设备材料是否齐备、安全可靠。

（3）检查开发板有无损坏或异常、Arduino IDE 软件是否可以正常使用。

（5）作业时要注意摆放好设备材料，避免伤人或造成设备材料损伤。

【任务实施】

1. 创建 Arduino 程序项目

点击菜单栏中的“文件”→“新建”菜单项，创建一个 Arduino 程序。如图 1-14 所示。

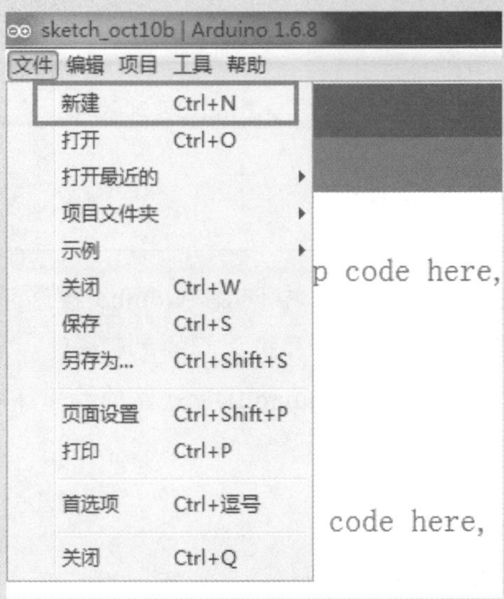

图 1-14 新建 Arduino 程序

2. 编写 Arduino 程序

在新建的 Arduino 程序中输入如图 1-15 所示的代码。

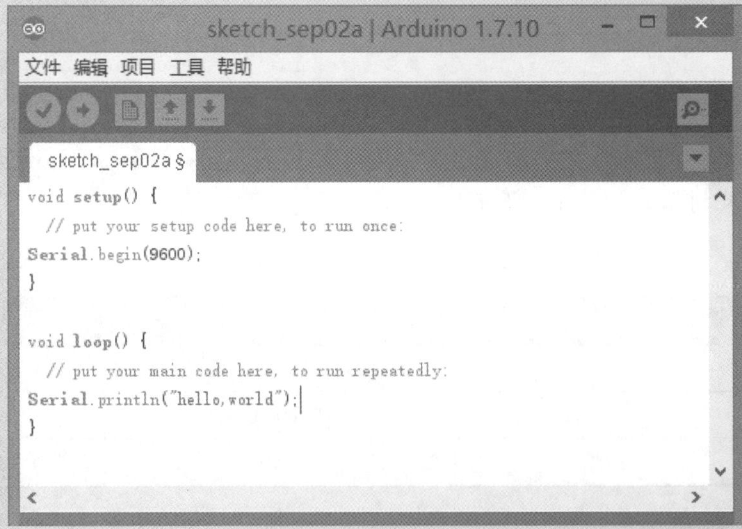

图 1-15 编写 Arduino 程序

3. 编译 Arduino 程序

点击编译按钮进行程序编译（待编译无误后，才能上传程序）。程序编译正确后的效果如图 1-16 所示。

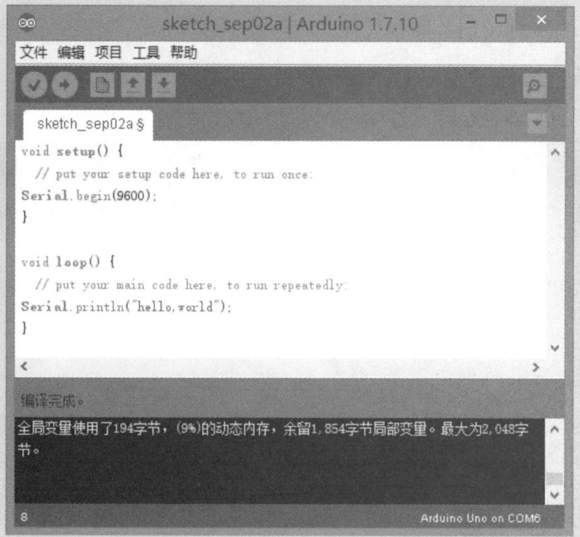

图 1-16　编译 Arduino 程序

4. 上传 Arduino 程序

（1）硬件连接。将 Arduino UNO 开发板和计算机通过 USB 数据线相连，如图 1-17 所示。

图 1-17　硬件连接

（2）选择开发板类型。选择菜单栏中的“工具”→“开发板”→“Arduino Uno”，选择对应的 Arduino UNO 开发板，如图 1-18 所示。

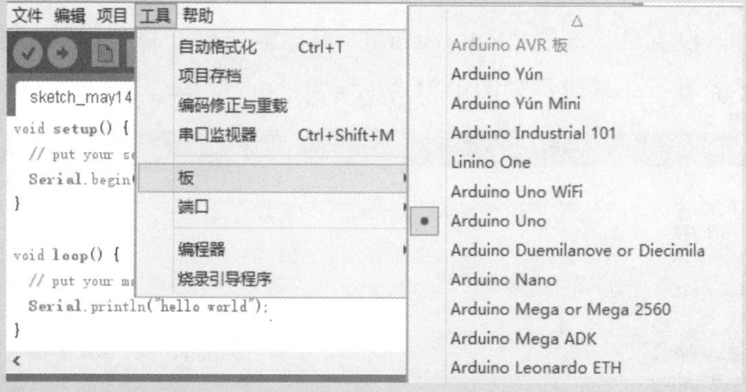

图 1-18　选择 Arduino Uno 开发板

（3）选择下载端口。选择菜单栏中的“工具”→“端口”，选择对应的下载COM端口（如COM3、COM4、COM5……），如图1-19所示。

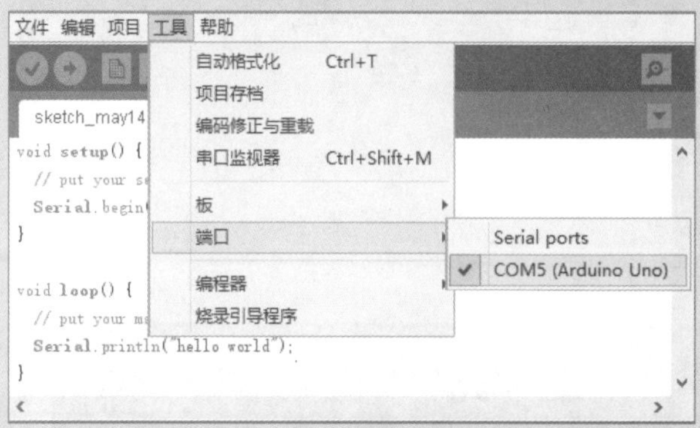

图 1-19　选择下载端口

（4）上传程序。点击工具栏中的上传按钮，将编译后的Arduino程序上传至开发板，如图1-20所示。上传成功后，Arduino开发板即会自动运行程序。

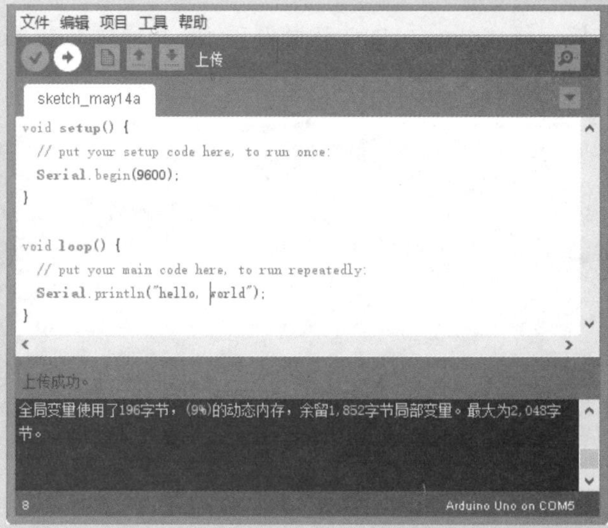

图 1-20　上传 Arduino 程序

（5）查看运行结果。点击工具栏中的“串口监视器”按钮，弹出串口监视器窗口。通过监视窗口，查看“hello, world”打印显示到计算机屏幕的效果。可以看到，程序的运行结果显示如图1-21所示。

图 1-21　查看程序运行结果

【技术知识】

1．Arduino 程序的基本架构：setup 和 loop 函数

Arduino 控制器通电或者复位后，即开始执行 setup( )函数中的程序，该程序只会执行一次。通常在 setup( )函数中完成对 Arduino 的初始化设置，如配置 I/O 状态和初始化串口操作等。

setup( )函数执行完后，Arduino 会接着执行 loop( )中程序。loop( )函数是一个死循环，其中的程序会不断地重复运行。通常在 loop( )函数中完成程序的主要功能，如驱动各种模块和采集数据等。

2．Serial.begin( )

在 Arduino 开发板中，Serial 类用于对串口数据流的读写。其中 Serial.begin( )方法用于开启串行通信接口并设置通信波特率。如果要关闭通信串口，可以使用 Serial.end( )方法。

3．Serial.println( )

Serial.println( )方法的作用是将字符串数据写入到串口，同时具有换行的功能。此外，还可以使用 Serial.print( )方法，它也可以写入字符串数据到串口，但没有换行的功能。

【工作拓展】

在 Arduino IDE 中动手编写并完成以下代码，连上 Arduino UNO 开发板，运行程序查看结果。如图 1-22 所示。

task_1_2

```
int incomedate = 0;
void setup() {
  Serial.begin(9600);
  Serial.println(78,BIN);      Serial.println(78,OCT);
  Serial.println(78,DEC);      Serial.println(78,HEX);
  Serial.println(1.23456,0);   Serial.println(1.23456,2);
  Serial.println(1.23456,4);   Serial.println('N');
  Serial.println("Welcome to Arduino UNO!");
}
void loop() {
  if(Serial.available()>0){
    incomedate = Serial.read();
    if(incomedate == 'H'){
      Serial.println("Good Job!");
    }
  }
  delay(1000);
}
```

图 1-22　任务 1-2 工作拓展

【考核评价】

1. 任务考核

表 1-6　任务 1-2 考核表

考核内容		考核评分		
项目	内　容	配分	得分	批注
工作准备（30%）	能够正确理解工作任务 1-2 内容、范围及工作指令	10		
	能够查阅和理解技术手册，确认 Arduino UNO 开发板技术标准及要求	5		
	使用个人防护用品或衣着适当，能正确使用防护用品	5		
	准备工作场地及器材，能够识别工作场所的安全隐患	5		
	确认设备及工具量具，检查其是否安全及正常工作	5		
实施程序（50%）	正确辨识工作任务所需的 Arduino UNO 开发板	10		
	正确检查 Arduino UNO 开发板有无损坏或异常	10		
	正确选择 USB 数据线	10		
	正确选用工具进行规范操作，完成装置安装、调试和维护	10		
	安全无事故并在规定时间内完成任务	10		
完工清理（20%）	收集和储存可以再利用的原材料、余料	5		
	遵循维护工作程序清洁垃圾、清洁和整理工作区域	5		
	对工具、设备及开发板进行清洁	5		
	按照工作程序，填写完成作业单	5		
考核评语	考核人员：　　　　日期：　　年　月　日	考核成绩		

2．任务评价

表 1-7 任务 1-2 评价表

评价项目	评价内容	评价成绩	备注
工作准备	任务领会、资讯查询、器材准备	□A □B □C □D □E	
知识储备	系统认知、原理分析、技术参数	□A □B □C □D □E	
计划决策	任务分析、任务流程、实施方案	□A □B □C □D □E	
任务实施	专业能力、沟通能力、实施结果	□A □B □C □D □E	
职业道德	纪律素养、安全卫生、器材维护	□A □B □C □D □E	
其他评价			
导师签字：		日期：	年 月 日

注：在选项“□”里打“√”，其中 A：90～100；B：80～89；C：70～79；D：60～69；E：不合格。

任务 1-3　嵌入式开发环境测试

项目 1 操作视频

【任务要求】

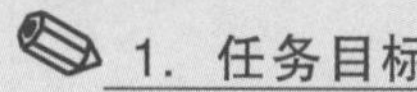

1. 任务目标

编程实现对 Arduino UNO 开发板上 LED 指示灯的闪烁控制。

2. 任务描述

在熟悉 Arduino 程序设计和编程方式后，还需要掌握 Arduino 嵌入式开发环境的测试方法。其中通过编程实现对 Arduino UNO 开发板上 LED 指示灯的闪烁控制，是 Arduino 嵌入式系统开发的常用测试方式。本次任务将介绍使用 Arduino IDE 软件编写 Arduino 程序来实现对 Arduino UNO 开发板板载 LED 指示灯的控制，从而完成 Arduino 嵌入式开发环境的测试。

3. 任务分析

本次任务可以分三步完成：第一步先完成 Arduino UNO 开发板与计算机的连接；第二步使用 Arduino IDE 软件完成 Arduino 程序项目的创建并编写程序；最后一步是将 Arduino 程序编译并上传到 Arduino UNO 开发板中，打开串口监视器，查看程序运行结果。

【工作准备】

1．材料准备

Arduino 嵌入式开发环境测试需要准备好 Arduino UNO 开发板、计算机、USB 数据线等硬件设备和材料，如表 1-8 所示。

表 1-8　任务 1-3 设备及材料清单

序号	元件名称	规格	数量
1	计算机	台式电脑或笔记本电脑	1 台
2	开发板	Arduino UNO	1 个
3	数据线	USB	1 条

2．安全事项

（1）作业前请检查是否穿戴好防护装备（护目镜、防静电手套等）。

（2）检查电源及设备材料、Arduino IDE 软件是否齐备、安全可靠。

（3）作业时要注意摆放好设备材料，避免伤人或造成设备材料损伤。

【任务实施】

1. 硬件连接

将 Arduino UNO 开发板连接到计算机，如图 1-23 所示。

图 1-23　硬件连接

2. 创建程序项目

创建一个新的 Arduino 程序项目，命名为“demo_1_3”，如图 1-24 所示。

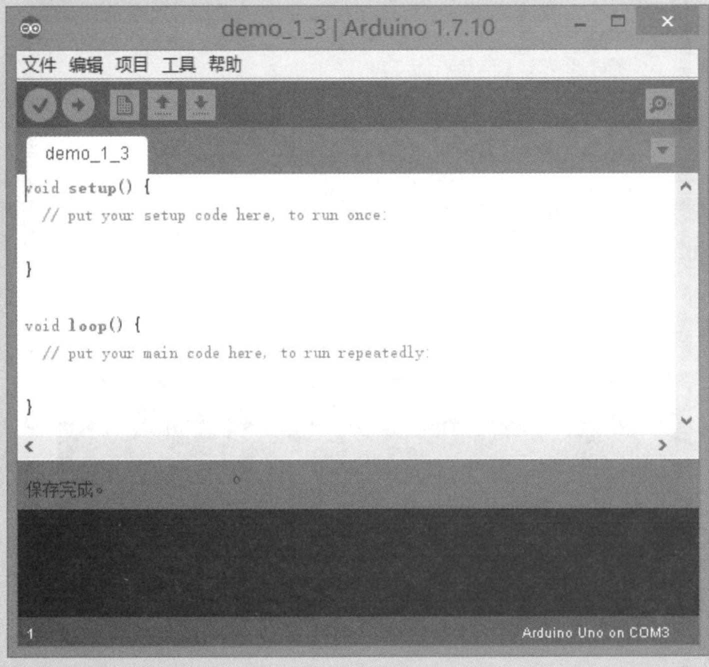

图 1-24　创建程序项目“demo_1_3”

3. 编写程序

在代码编辑区中输入如图 1-25 所示的代码。

```
demo_1_3§
void setup() {
  // put your setup code here, to run once:
  pinMode(13, OUTPUT);
}

void loop() {
  // put your main code here, to run repeatedly:
  digitalWrite(13,HIGH);
  delay(500);
  digitalWrite(13,LOW);
  delay(500);
}
```

图 1-25　编写项目“demo_1_3”代码

4. 运行调试

编译和调试 Arduino 程序，并将调试好的程序下载至 Arduino UNO 开发板。查看运行的效果，如图 1-26 所示。

图 1-26　编译项目“demo_1_3”

【技术知识】

1．pinMode (pin,mode)

pinMode (pin, mode)是数字 I/O 口输入输出模式定义函数，常放在 setup( ) 函数中来定义引脚 pin 的功能。其作用是设置引脚 pin 的工作模式 mode 为输入或输出，其中 pin 可为 0 ~ 13，mode 为 OUTPUT（数字输出）或 INPUT（数字输入）。

例如：pinMode(13, OUTPUT)；表示设定引脚 13 为输出模式。

2．digitalWrite (pin, value)

digitalWrite (pin, value)是输出数字信号函数。其作用是设置引脚 pin 的输出电压 value 为高电平 HIGH 或低电平 LOW。

例如：digitalWrite (13, HIGH)；表示设置引脚 13 为高电平。

3．delay (ms)

delay (ms)是设置延迟时间函数。其作用是延时（参数 ms 表示毫秒）。它可以让程序暂停运行一段时间。

例如：delay (500)；表示延时 500 毫秒。

【工作拓展】

参照以上操作，连接好 Arduino UNO 开发板，输入如图 1-27 所示的程序代码，看看开发板上指示灯的闪烁效果。

```
task1-3

void setup() {
  pinMode(13, OUTPUT);
}

void loop() {
  digitalWrite(13, HIGH);
  delay(1000);
  digitalWrite(13, LOW);
  delay(500);
  digitalWrite(13, HIGH);
  delay(300);
  digitalWrite(13, LOW);
  delay(100);
}
```

图 1-27　指示灯闪烁代码

【考核评价】

1. 任务考核

表 1-9　任务 1-3 考核表

考核内容		考核评分		
项目	内　容	配分	得分	批注
工作准备（30%）	能够正确理解工作任务 1-3 内容、范围及工作指令	10		
	能够查阅和理解技术手册，确认 Arduino UNO 开发板技术标准及要求	5		
	使用个人防护用品或衣着适当，能正确使用防护用品	5		
	准备工作场地及器材，能够识别工作场所的安全隐患	5		
	确认设备及工具量具，检查其是否安全及正常工作	5		
实施程序（50%）	正确辨识工作任务所需的 Arduino UNO 开发板	10		
	正确检查 Arduino UNO 开发板有无损坏或异常	10		
	正确选择 USB 数据线	10		
	正确选用工具进行规范操作，完成装置安装、调试和维护	10		
	安全无事故并在规定时间内完成任务	10		
完工清理（20%）	收集和储存可以再利用的原材料、余料	5		
	遵循维护工作程序清洁垃圾、清洁和整理工作区域	5		
	对工具、设备及开发板进行清洁	5		
	按照工作程序，填写完成作业单	5		
考核评语	考核人员：　　　　日期：　　年　月　日	考核成绩		

2．任务评价

表 1-10　任务 1-3 评价表

评价项目	评价内容	评价成绩	备注
工作准备	任务领会、资讯查询、器材准备	□A □B □C □D □E	
知识储备	系统认知、原理分析、技术参数	□A □B □C □D □E	
计划决策	任务分析、任务流程、实施方案	□A □B □C □D □E	
任务实施	专业能力、沟通能力、实施结果	□A □B □C □D □E	
职业道德	纪律素养、安全卫生、器材维护	□A □B □C □D □E	
其他评价			
导师签字：		日期：	年　月　日

注：在选项“□”里打“√”，其中 A：90～100；B：80～89；C：70～79；D：60～69；E：不合格。

任务 1-4　嵌入式系统电路设计

项目 1 操作视频

【任务要求】

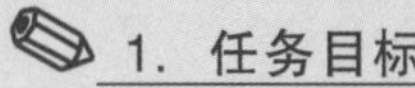

1. 任务目标

使用 Fritzing 软件实现 Arduino 电路图设计。

2. 任务描述

Fritzing 是一款开源的图形化 Arduino 电路开发软件。它简化了过去 PCB 布局工程师在做的事情，使用“拖拉”方式完成复杂的电路设计。Fritzing 能够记录 Arduino 和其他电子元件的物理连接模型，从物理原型到进一步实际的产品。对于非电子专业的人群而言，Fritzing 是一款很好的工具，可以用简单的方式拖拉电子元件实现连接线路设计。

本次任务主要学习 Fritzing 软件的安装与使用。

3. 任务分析

Fritzing 是一款开源软件。可以在其官网（http://fritzing.org/）上直接下载安装软件包。在本课程中，主要使用 Fritzing 软件实现对 Arduino 电路进行设计，因此只需要掌握 Fritzing 电路设计的简单操作即可，并学会使用拖拉方式调用其元件库中提供的各类电子元件模型（见图 1-28）。

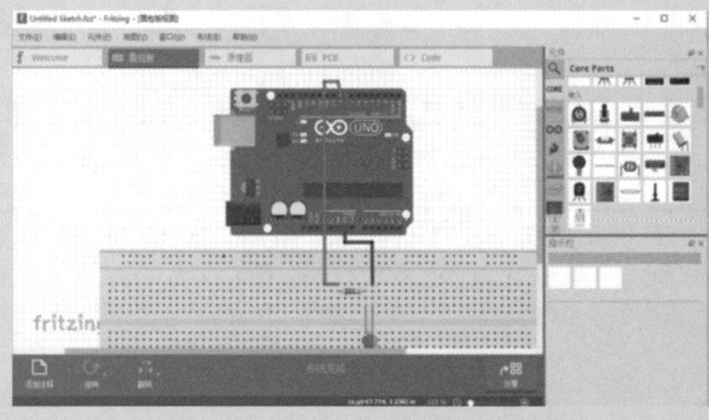

图 1-28　Fritzing 软件

【工作准备】

1. 材料准备

本次任务所需设备及材料如表 1-11 所示。

表 1-11　任务 1-4 设备及材料清单

序号	元件名称	规格	数量
1	计算机	台式电脑或笔记本电脑	1 台
2	开发板	Arduino UNO	1 个
3	数据线	USB	1 条

2．安全事项

（1）作业前请检查是否穿戴好防护装备（护目镜、防静电手套等）。

（2）检查电源及设备材料、网络是否齐备、安全可靠。

（3）作业时要注意摆放好设备材料，避免伤人或造成设备材料损伤。

【任务实施】

1. 下载 Fritzing 软件

在浏览器的地址栏中输入 Fritzing 软件的官网地址“http://Fritzing.org/”，在 Download 页面中下载 Fritzing 安装包。如图 1-29 所示。

图 1-29　下载 Fritzing 软件

2. 安装 Fritzing 软件

下载的安装包为 ZIP 压缩包，直接解压到根目录即可。解压后的软件目录如图 1-30 所示。

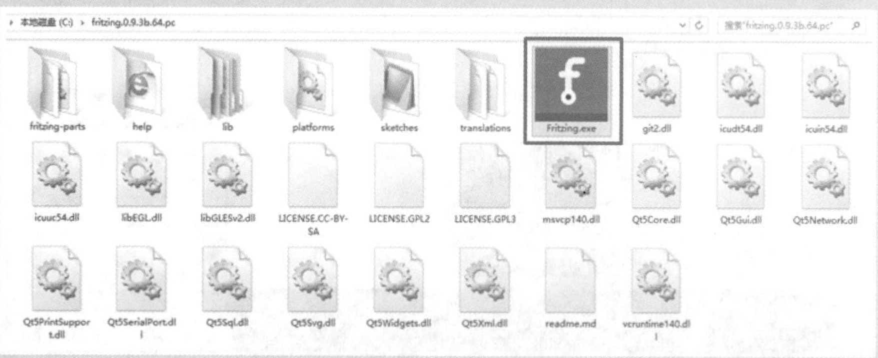

图 1-30　解压后的 Fritzing 软件

3. 使用 Fritzing 软件

（1）在解压的目录中双击“fritzing.exe”，启动 Fritzing 软件。启动后的 Fritzing 软件界面如图 1-31 所示。

图 1-31 启动 Fritzing 软件

（2）将 Fritzing 软件工作界面中切换至“面包板”，如图 1-32 所示。

图 1-32 切换 Fritzing 软件工作界面

（3）在右侧“元件”面板中选择 Arduino 开发板选项，将 Arduino UNO 开发板模型用鼠标（选中模型按下鼠标左键进行拖动）拖到左侧面包板工作区空白处，如图 1-33 所示。

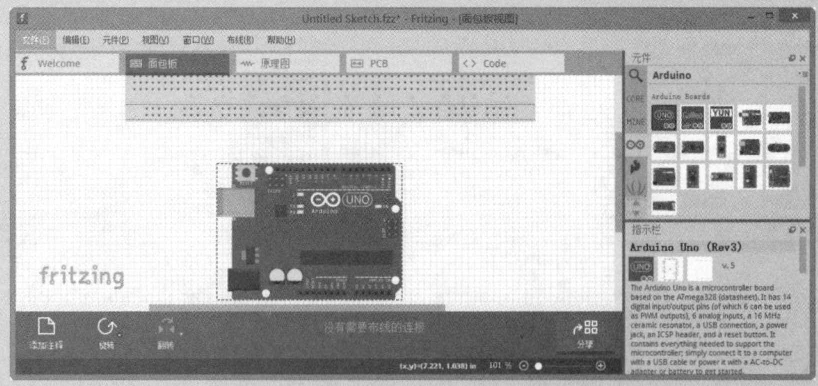

图 1-33 拖放电子元件模型

（4）在右侧“元件”面板中选择 CORE 选项，将 LED 模型用鼠标拖到左侧面包板工作区的面包板上，如图 1-34 所示。

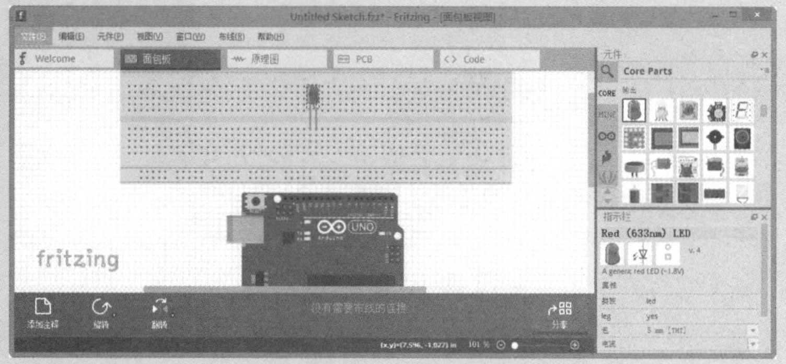

图 1-34　拖放 LED 模型

（5）在右侧“元件”面板中选择 CORE 选项，将电阻模型用鼠标拖到左侧面包板工作区的面包板上，如图 1-35 所示。

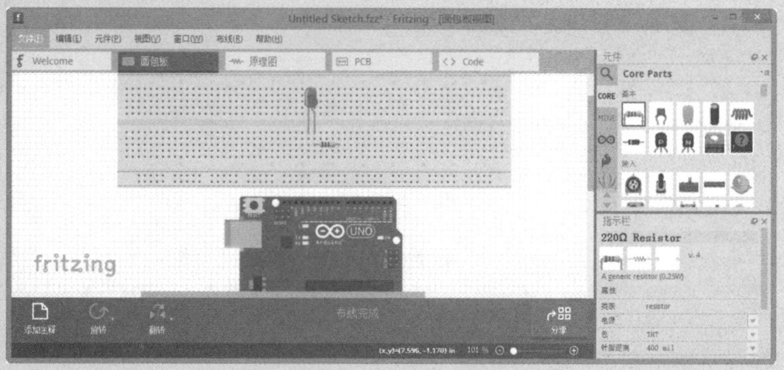

图 1-35　拖放电阻模型

（5）在面包板工作区中使用鼠标（按下鼠标左键直接连接）直接绘制连接引脚的跳线，如图 1-36 所示。选中跳线点击鼠标右键，在弹出的右键菜单中可以选择不同的颜色设置。

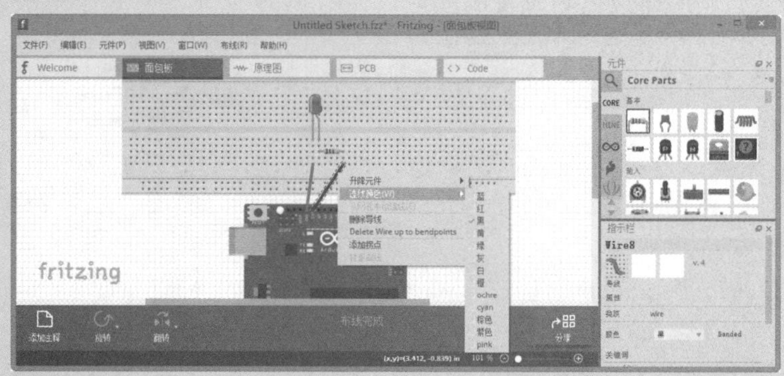

图 1-36　绘制跳线

（6）保存文件。点击“文件”菜单，选择“保存”菜单项，如图 1-37 所示。

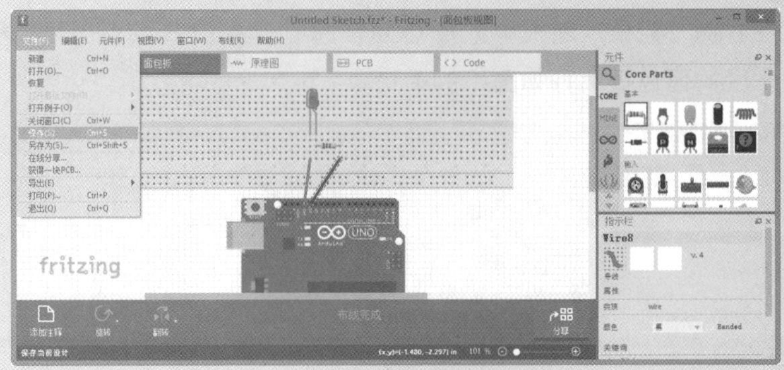

图 1-37　保存文件

（7）在弹出的文件保存对话框中，选择保存路径，输入文件名，点击“保存”按钮，完成电路设计图的保存，如图 1-38 所示。

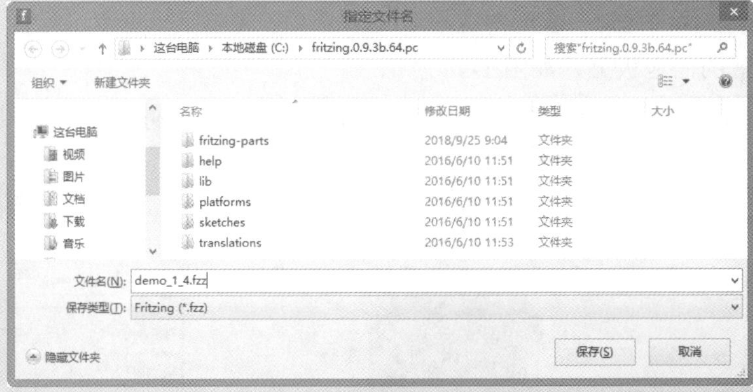

图 1-38　输入文件名

【技术知识】

1．认识 Fritzing 软件

Fritzing 是德国波茨坦应用科学大学(University of Applied Sciences Potsdam)交互设计实验室的研究员们开发的软件，如图 1-39 所示。它是个电子设计自动

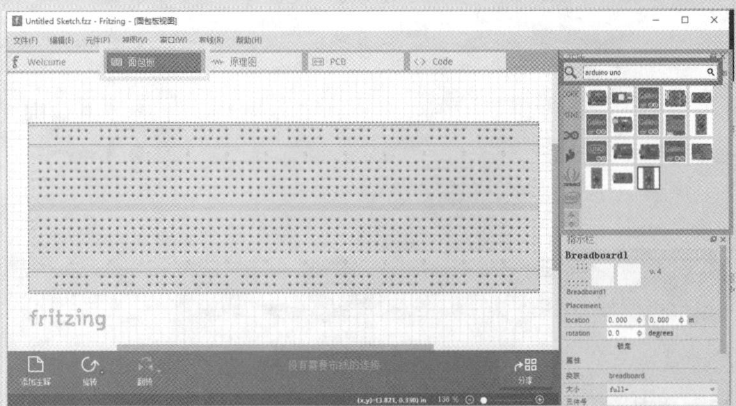

图 1-39　Fritzing 软件

化软件，帮助设计师、艺术家、研究人员和爱好者快速地从物理原型到产品实现。还支持用户记录 Arduino 和其他电子为基础的原型，并生成一个生产型印刷电路板的布局。

2．Fritzing 软件功能

Fritzing 简化了过去 PCB 布局工程师在做的事情，全部使用“拖拉”的方式完成复杂的电路设计。拥有丰富的电子元件库，还可以建立自己的元件库。对于无电子信息背景的人来讲，Fritzing 是一款很好上手的工具，你可以以简单的方式拖拉元件以及连接线路。

Fritzing 提供了非常多的电子元件模型，如图 1-40 所示。而且提供了虚拟面包板、原理图、PCB、Code 四个主要功能区。在这几个功能区中我们可以使用逼真的电子元件模型快速地搭建属于自己的创意电路。

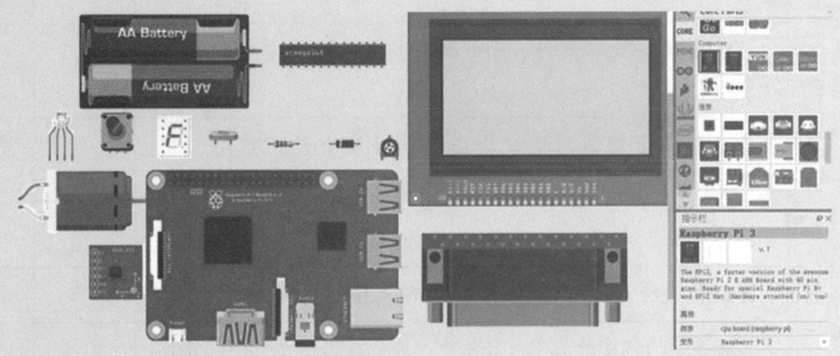

图 1-40　Fritzing 电子元件模型

【工作拓展】

使用 Fritzing 软件完成如图 1-41 所示电路设计的绘制。

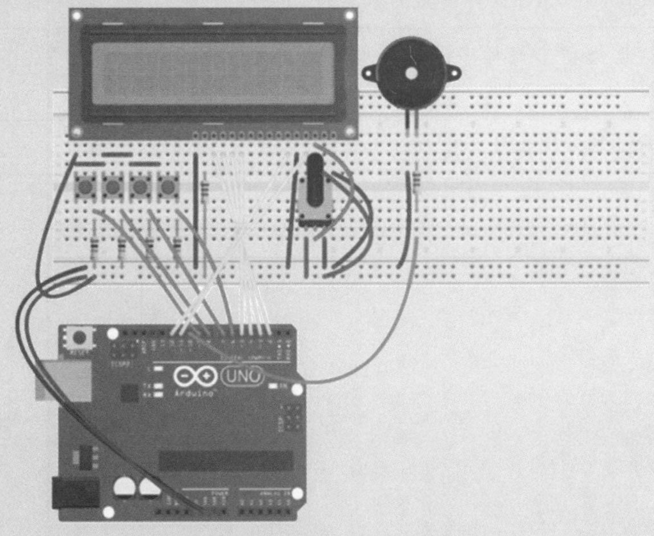

图 1-41　任务 1-4 工作拓展

【考核评价】

1. 任务考核

表 1-12　任务 1-4 考核表

考核内容		考核评分		
项目	内　容	配分	得分	批注
工作准备（30%）	能够正确理解工作任务 1-4 内容、范围及工作指令	10		
	能够查阅和理解技术手册，确认 Arduino UNO 开发板技术标准及要求	5		
	使用个人防护用品或衣着适当，能正确使用防护用品	5		
	准备工作场地及器材，能够识别工作场所的安全隐患	5		
	确认设备及工具量具，检查其是否安全及正常工作	5		
实施程序（50%）	正确辨识工作任务所需的 Arduino UNO 开发板	10		
	正确检查 Arduino UNO 开发板有无损坏或异常	10		
	正确选择 USB 数据线	10		
	正确选用工具进行规范操作，完成装置安装、调试和维护	10		
	安全无事故并在规定时间内完成任务	10		
完工清理（20%）	收集和储存可以再利用的原材料、余料	5		
	遵循维护工作程序清洁垃圾、清洁和整理工作区域	5		
	对工具、设备及开发板进行清洁	5		
	按照工作程序，填写完成作业单	5		
考核评语	考核人员：　　　　日期：　　年　月　日	考核成绩		

2．任务评价

表 1-13　任务 1-4 评价表

评价项目	评价内容	评价成绩	备注
工作准备	任务领会、资讯查询、器材准备	□A □B □C □D □E	
知识储备	系统认知、原理分析、技术参数	□A □B □C □D □E	
计划决策	任务分析、任务流程、实施方案	□A □B □C □D □E	
任务实施	专业能力、沟通能力、实施结果	□A □B □C □D □E	
职业道德	纪律素养、安全卫生、器材维护	□A □B □C □D □E	
其他评价			
导师签字：	日期：		年　月　日

注：在选项“□”里打“√”，其中 A：90～100；B：80～89；C：70～79；D：60～69；E：不合格。

项目小结

本项目简要介绍了 Arduino 开发环境的搭建，包括 Arduino IDE、Fritzing 等软件的安装与使用。为了便于初学者上机实践，着重介绍了 Arduino IDE 软件使用、Arduino 开发板的硬件连接、驱动程序的配置、Fritzing 软件的使用，以及开发与执行 Arduino 程序项目所需的配置和运行方式。

项目要点：熟练掌握 Arduino IDE 软件的安装与驱动配置，熟练掌握 Fritzing 软件的安装方法。熟悉 Arduino IDE 和 Fritzing 开发工具的使用，了解 Arduino 程序设计方法，以及使用 Arduino IDE 创建和运行 Arduino 程序项目。

项目评价

在本项目教学和实施过程中，教师和学生可以根据以下项目考核评价表对各项任务进行考核评价。考核主要针对学生在技术知识、任务实施（技能情况）、拓展任务（实战训练）的掌握程度和完成效果进行评价。

表 1-14　项目 1 评价表

工作任务	评价内容									
	技术知识		任务实施		拓展任务		完成效果		总体评价	
	个人评价	教师评价	个人评价	教师评价	个人评价	教师评价	个人评价	教师评价	个人评价	教师评价
任务 1-1										
任务 1-2										
任务 1-3										
任务 1-4										

续表

存在问题与解决办法（应对策略）	
学习心得与体会分享	

实训与讨论

一、实训题

1. 在计算机上安装并配置好 Arduino IDE 和 Fritzing 软件。
2. 使用 Arduino IDE 创建并运行一个 Arduino 程序项目。

二、讨论题

1. 举几个自己遇到的 Arduino 应用实例，并说明它们的用途。
2. 目前主流的嵌入式开发技术有哪些？

项目 2 嵌入式系统灯控原理及装置设计

项目 2 PPT

知识目标

- 认识各类 LED 装置的设计与制作方法。
- 了解 Arduino UNO 开发板控制 LED 的原理和设计方式。
- 掌握简易交通灯、广告灯、小夜灯、抢答器、呼吸灯、感光灯、炫彩灯等程序设计和代码实现。

技能目标

- 懂使用 Arduino UNO 开发板控制 LED 的电路设计与制作方法。
- 会编写 Arduino 程序实现对 LED 常用电路的控制。
- 能独立完成简易交通灯、广告灯、小夜灯、抢答器、呼吸灯、感光灯、炫彩灯等的制作。

工作任务

- 任务 2-1　嵌入式 LED 灯控装置设计
- 任务 2-2　嵌入式交通灯装置制作
- 任务 2-3　嵌入式广告灯装置制作
- 任务 2-4　嵌入式小夜灯装置制作
- 任务 2-5　嵌入式抢答器装置制作
- 任务 2-6　嵌入式呼吸灯装置制作
- 任务 2-7　嵌入式感光灯装置制作
- 任务 2-8　嵌入式炫彩灯装置制作

任务 2-1　嵌入式 LED 灯控装置设计

项目 2 操作视频

【任务要求】

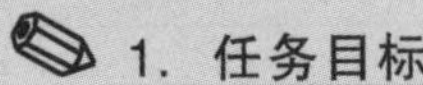

1. 任务目标

使用 Arduino 开发板设计并实现对 LED 灯的点亮控制。

2. 任务描述

使用 Arduino UNO 开发板，设计一个简单电路，实现对一个 LED 进行点亮和熄灭控制。要求先使用 Fritzing 软件设计电路，然后根据设计电路图，完成硬件电路的连接，最后通过 Arduino IDE 编写程序，控制 Arduino UNO 开发板实现对 LED 灯的控制。

3. 任务分析

此次任务我们使用的 LED 为发光二极管。使用发光二极管 LED 时，需要连接限流电阻（否则会因电流过大而烧毁发光二极管），这里使用 220 Ω 电阻。IO 控制接口使用 Arduino UNO 开发板中的数字引脚。电路原理如图 2-1 所示。

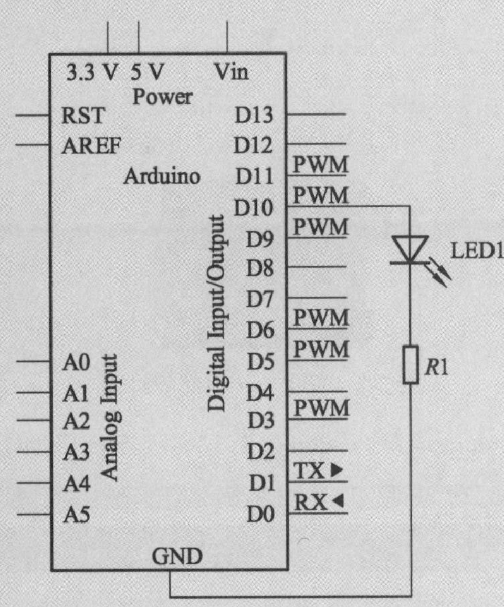

图 2-1　任务 2-1 电路原理图

【工作准备】

1．材料准备

本次任务所需设备及材料如表 2-1 所示。

表 2-1　任务 2-1 设备及材料清单

序号	元件名称	规格	数量
1	开发板	Arduino UNO	1 块
2	数据线	USB	1 条
3	面包板	MB-102	1 个
4	LED 灯	红	1 个
5	色环电阻	220Ω	1 个
6	跳线	针脚	2 条

2. 注意事项

（1）作业前请检查是否穿戴好防护装备（护目镜、防静电手套等）。

（2）检查电源及设备材料是否齐备、安全可靠。

（3）检查开发板、LED 灯、色环电阻有无损坏或异常。

（4）作业时要注意摆放好设备材料，避免伤人或造成设备材料损伤。

【任务实施】

第 1 步：使用 Fritzing 软件设计和绘制电路设计图，如图 2-2 所示。根据电路设计图，完成 Arduino UNO 开发板及其他电子元件的硬件连接。

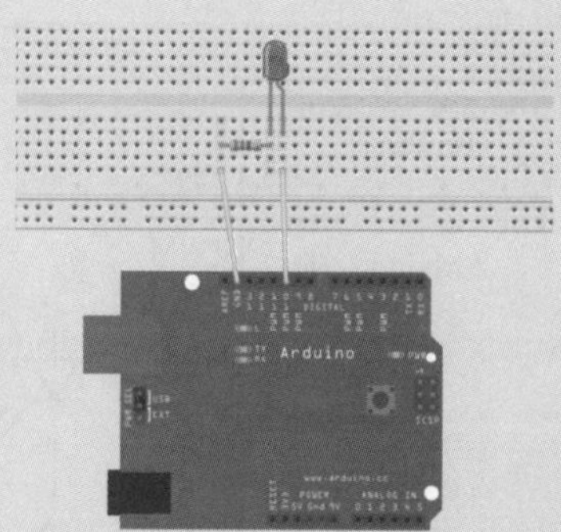

图 2-2　任务 2-1 电路设计图

第 2 步：创建 Arduino 程序“demo_2_1”，程序代码如图 2-3 所示。

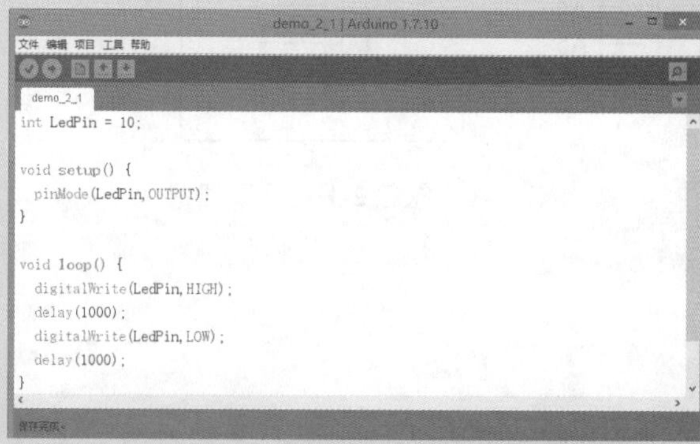

图 2-3　任务 2-1 程序代码

第 3 步：编译并上传程序至 Arduino UNO 开发板，效果如图 2-4 所示。

图 2-4　任务 2-1 制作效果

【技术知识】

1．LED

LED（Light-Emitting Diode），即发光二极管，如图 2-5 所示。一般用在电路及仪器中作为指示灯，或者在广告牌中组成文字或数字显示。它由含镓（Ga）、砷（As）、磷（P）、氮（N）等的化合物制成。颜色一般有红光（砷化镓二极管）、绿光（磷化镓二极管）、黄光（碳化硅二极管）、蓝光（氮化镓二极管）。

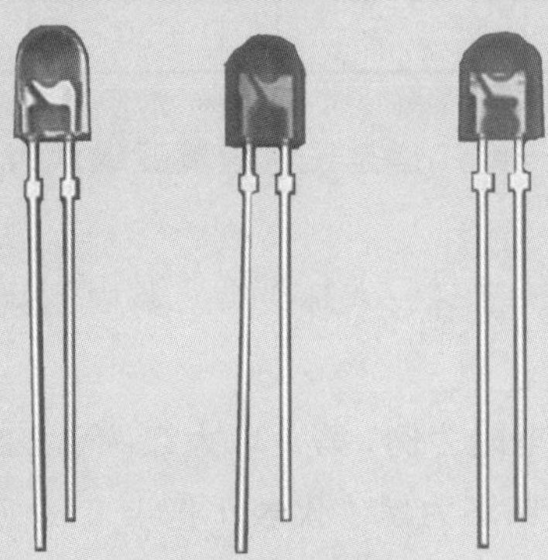

图 2-5　LED 元件

2．色环电阻

色环电阻是在电阻封装上（即电阻表面）涂上一定颜色的色环，来代表这个电阻的阻值，如图 2-6 所示。电阻上的色环实际上是为了帮助人们分辨不同阻值而设定的标准，色环与阻值之间的关系如表 2-2 所示，根据该表可以计算出色环电阻的阻值。一般在家用电器、电子仪表、电子设备中常常可以见到色环电阻的使用。

图 2-6　色环电阻

表 2-2　电阻色环的对照关系

颜色	数值	倍乘数	误差/%	温度关系/（×10/°C）
棕	1	10	±1	100
红	2	100	±2	50
橙	3	1k	—	15
黄	4	10k	—	25
绿	5	100k	±0.5	
蓝	6	1M	±0.25	10
紫	7	10M	±0.1	5
灰	8		±0.05	
白	9		—	1
黑	0	1	—	—
金	—	0.1	±5	—
银	—	0.01	±10	—
无色			±20	

色环的记忆口诀：棕一红二橙是三，四黄五绿六为蓝，七紫八灰九对白，黑是零，金五银十表误差。

色环电阻一般有四环、五环、六环之分。其中倒数第二环，表示零的个数。最后一位，表示误差。

以本任务中的五色环电阻为例，第一环为红（代表 2）、第二环为红（代表 2）、第三环为黑（代表 0）、第四环为黑（代表 1 倍）、第五环为棕色（代表 ±1%），则其阻值为 220 Ω×1 = 220 Ω，误差范围为 ±1%。

【工作拓展】

完成图 2-7 所示 LED 装置的设计与制作，并使用 Arduino UNO 开发板编程实现对该 LED 装置的亮灯控制。

图 2-7　任务 2-1 工作拓展

【考核评价】

1．任务考核

表 2-3　任务 2-1 考核表

<table>
<tr><th colspan="2">考核内容</th><th colspan="3">考核评分</th></tr>
<tr><th>项目</th><th>内　容</th><th>配分</th><th>得分</th><th>批注</th></tr>
<tr><td rowspan="5">工作准备（30%）</td><td>能够正确理解工作任务 2-1 内容、范围及工作指令</td><td>10</td><td></td><td></td></tr>
<tr><td>能够查阅和理解技术手册，确认 Arduino UNO 开发板技术标准及要求</td><td>5</td><td></td><td></td></tr>
<tr><td>使用个人防护用品或衣着适当，能正确使用防护用品</td><td>5</td><td></td><td></td></tr>
<tr><td>准备工作场地及器材，能够识别工作场所的安全隐患</td><td>5</td><td></td><td></td></tr>
<tr><td>确认设备及工具量具，检查其是否安全及正常工作</td><td>5</td><td></td><td></td></tr>
<tr><td rowspan="5">实施程序（50%）</td><td>正确辨识工作任务所需的 Arduino UNO 开发板</td><td>10</td><td></td><td></td></tr>
<tr><td>正确检查 Arduino UNO 开发板有无损坏或异常</td><td>10</td><td></td><td></td></tr>
<tr><td>正确选择 USB 数据线</td><td>10</td><td></td><td></td></tr>
<tr><td>正确选用工具进行规范操作，完成装置安装、调试和维护</td><td>10</td><td></td><td></td></tr>
<tr><td>安全无事故并在规定时间内完成任务</td><td>10</td><td></td><td></td></tr>
<tr><td rowspan="4">完工清理（20%）</td><td>收集和储存可以再利用的原材料、余料</td><td>5</td><td></td><td></td></tr>
<tr><td>遵循维护工作程序清洁垃圾、清洁和整理工作区域</td><td>5</td><td></td><td></td></tr>
<tr><td>对工具、设备及开发板进行清洁</td><td>5</td><td></td><td></td></tr>
<tr><td>按照工作程序，填写完成作业单</td><td>5</td><td></td><td></td></tr>
<tr><td>考核评语</td><td>考核人员：　　　　日期：　　年　月　日</td><td>考核成绩</td><td colspan="2"></td></tr>
</table>

2．任务评价

表 2-4　任务 2-1 评价表

评价项目	评价内容	评价成绩	备注
工作准备	任务领会、资讯查询、器材准备	□A □B □C □D □E	
知识储备	系统认知、原理分析、技术参数	□A □B □C □D □E	
计划决策	任务分析、任务流程、实施方案	□A □B □C □D □E	
任务实施	专业能力、沟通能力、实施结果	□A □B □C □D □E	
职业道德	纪律素养、安全卫生、器材维护	□A □B □C □D □E	
其他评价			
导师签字：	日期：	年　月　日	

注：在选项“□”里打“√”，其中 A：90～100；B：80～89；C：70～79；D：60～69；E：不合格。

任务 2-2　嵌入式交通灯装置制作

项目 2 操作视频

【任务要求】

1. 任务目标

使用 Arduino UNO 开发板和 LED 灯实现嵌入式交通灯装置的制作。

2. 任务描述

在我们的日常出行中，都会看到马路旁的交通灯，由黄、红、绿三种颜色组成，如图 2-8 所示。有箭头形状的，也有圆形的。这三种颜色会按照一定的时间顺序来不断变换，达到“红灯停，绿灯行”的人流管制效果。这次的任务就是使用 Arduino UNO 开发板和 LED 灯设计制作一个嵌入式交通灯装置，并通过 Arduino 编程来实现交通灯的模拟控制效果。

图 2-8　LED 交通灯

3. 任务分析

在本次任务中，我们将红、黄、绿等 3 个 LED 灯来表示交通灯中的红、黄、绿三色灯。单个 LED 灯的电路设计与点亮一盏 LED 灯的硬件电路相似，将红、黄、绿等 3 个 LED 灯的连接电路组合，即可制作出一个微型的交通灯。电路原理如图 2-9 所示。

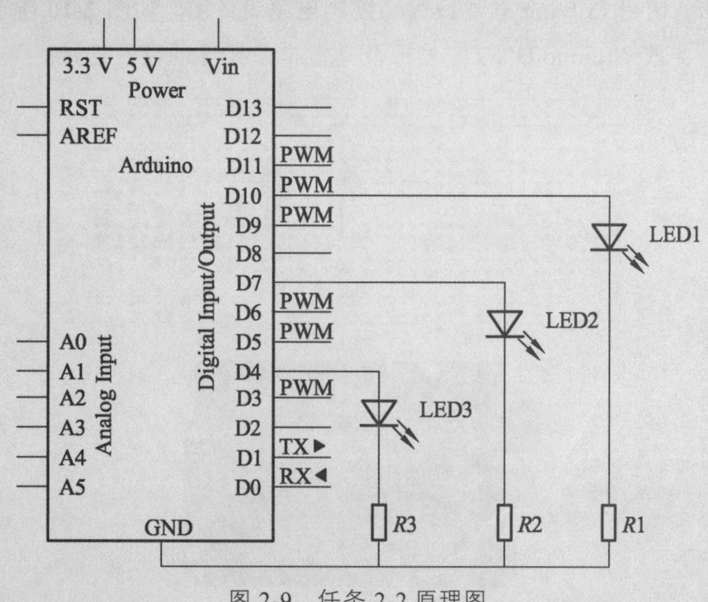

图 2-9　任务 2-2 原理图

【工作准备】

1．材料准备

本次任务所需电子元件及材料如表 2-5 所示。

表 2-5　任务 2-2 电子元件及材料清单

序号	元件名称	规格	数量
1	开发板	Arduino UNO	1 个
2	数据线	USB	1 条
3	面包板	MB-102	1 个
4	LED 灯	红色	1 个
5	LED 灯	黄色	1 个
6	LED 灯	绿色	1 个
7	色环电阻	220Ω	3 个
8	跳线	针脚	若干

2．注意事项

（1）作业前请检查是否穿戴好防护装备（护目镜、防静电手套等）。

（2）检查电源及设备材料是否齐备、安全可靠。

（3）检查开发板、LED 灯、色环电阻有无损坏或异常。

（4）作业时要注意摆放好设备材料，避免伤人或造成设备材料损伤。

【任务实施】

第 1 步：使用 Fritzing 软件设计和绘制电路设计图，如图 2-10 所示。根据电路设计图，完成 Arduino UNO 开发板及其他电子元件的硬件连接。

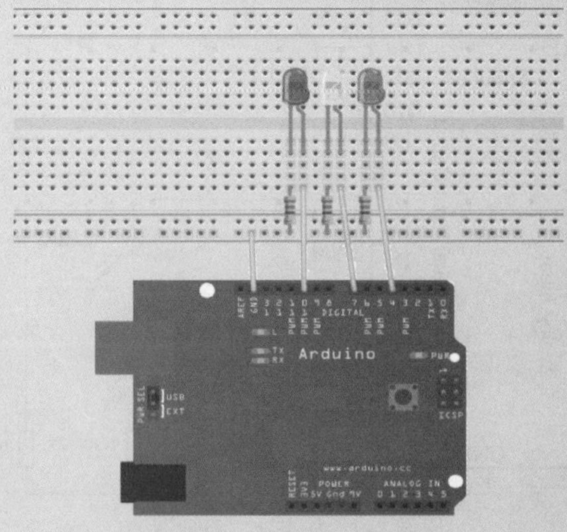

图 2-10　交通灯设计图

第 2 步：创建 Arduino 程序“demo_2_2”。程序代码如下：

```
int redPin = 10;
int yellowPin = 7;
int greenPin = 4;
void setup（）{
  pinMode（redPin,OUTPUT）；
  pinMode（yellowPin,OUTPUT）；
  pinMode（greenPin,OUTPUT）；
}

void loop（）{
  digitalWrite（redPin,HIGH）；
  delay（3000）；
  digitalWrite（redPin,LOW）；
  digitalWrite（yellowPin,HIGH）；
  delay（1000）；
  digitalWrite（yellowPin,LOW）；
  digitalWrite（greenPin,HIGH）；
  delay（5000）；
  digitalWrite（greenPin,LOW）；
  digitalWrite（yellowPin,HIGH）；
  delay（1000）；
  digitalWrite（yellowPin,LOW）；
}
```

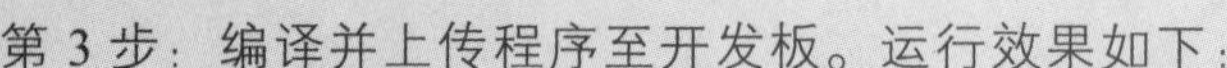
第 3 步：编译并上传程序至开发板。运行效果如下：

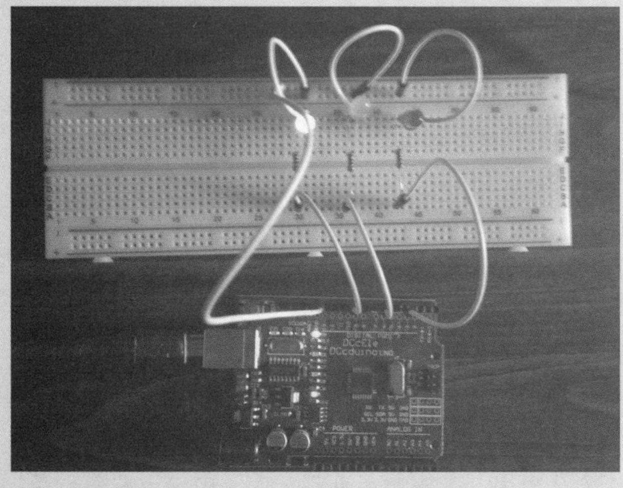

图 2-11　任务 2-2 制作效果

【技术知识】

1．跳　线

跳线是指连接电子元件和面包板的导电线。在 Arduino UNO 开发板中，一般使用的跳线两头都封装有针型插脚，如图 2-12 所示。

图 2-12　针脚跳线

2．面包板

面包板是专为方便电子电路无焊接实验而设计制造的一种电路连线板，如图 2-13 所示。由于面包板上设计有很多小插孔，因此各种电子元器件可根据需要随意插入或拔出，免去了电路焊接的麻烦，节省了电路的组装时间，而且元件可以重复使用，所以非常适合电子电路的组装、调试、测试和练习。

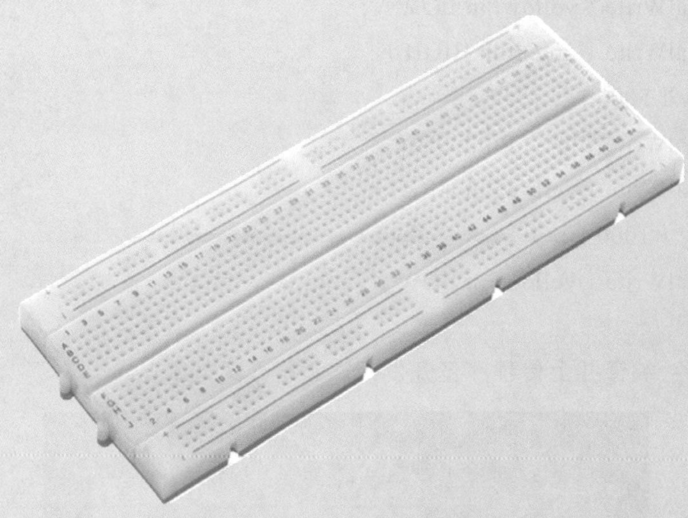

图 2-13　MB-102 面包板

面包板的得名源于真空管电路的年代，由于当时使用的电路元器件大都体积较大，最初人们常将螺丝和钉子将电路元器件固定在切面包用的木板上进行连接，因此将这些电路连线木板称为面包板。后来电路元器件体积越来越小，电路连线板也推陈出新不断得到发展，但面包板的名称却沿用了下来。

目前面包板一般使用热固性酚醛树脂制造，板底有金属条，如图 2-14 所示。在板上对应位置打孔使得元件插入孔中时能够与金属条接触，从而达到导电目的。一般将每 5 个孔板用一条金属条连接。板子中央一般有一条凹槽，这是针对需要集成电路、芯片试验而设计的。板子两侧有两排竖着的插孔，这两组插孔用于给面包板上的电子元件提供电源。

图 2-14 面包板内部金属条结构

【工作拓展】

完成图 2-15 所示交通灯模块的设计与制作，并使用 Arduino UNO 开发板编程实现对该交通灯模块的控制。

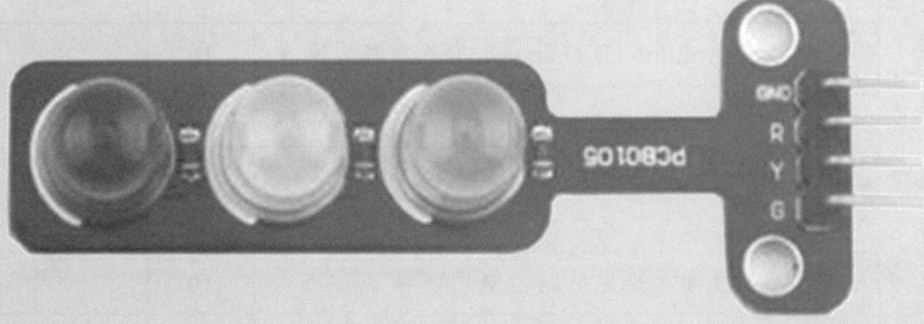

图 2-15 任务 2-2 工作拓展

【考核评价】

1．任务考核

表 2-6　任务 2-2 考核表

考核内容		考核评分		
项目	内　容	配分	得分	批注
工作准备（30%）	能够正确理解工作任务 2-2 内容、范围及工作指令	10		
	能够查阅和理解技术手册，确认 Arduino UNO 开发板技术标准及要求	5		
	使用个人防护用品或衣着适当，能正确使用防护用品	5		
	准备工作场地及器材，能够识别工作场所的安全隐患	5		
	确认设备及工具量具，检查其是否安全及正常工作	5		
实施程序（50%）	正确辨识工作任务所需的 Arduino UNO 开发板	10		
	正确检查 Arduino UNO 开发板有无损坏或异常	10		
	正确选择 USB 数据线	10		
	正确选用工具进行规范操作，完成装置安装、调试和维护	10		
	安全无事故并在规定时间内完成任务	10		
完工清理（20%）	收集和储存可以再利用的原材料、余料	5		
	遵循维护工作程序清洁垃圾、清洁和整理工作区域	5		
	对工具、设备及开发板进行清洁	5		
	按照工作程序，填写完成作业单	5		
考核评语	考核人员：　　　　日期：　　年　月　日	考核成绩		

2．任务评价

表 2-7　任务 2-2 评价表

评价项目	评价内容	评价成绩	备注
工作准备	任务领会、资讯查询、器材准备	□A □B □C □D □E	
知识储备	系统认知、原理分析、技术参数	□A □B □C □D □E	
计划决策	任务分析、任务流程、实施方案	□A □B □C □D □E	
任务实施	专业能力、沟通能力、实施结果	□A □B □C □D □E	
职业道德	纪律素养、安全卫生、器材维护	□A □B □C □D □E	
其他评价			
导师签字：	日期：	年　月　日	

注：在选项“□”里打“√”，其中 A：90～100；B：80～89；C：70～79；D：60～69；E：不合格。

任务 2-3　嵌入式广告灯装置制作

项目 2　操作视频

【任务要求】

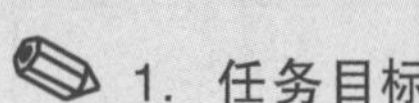

1. 任务目标

使用 Arduino UNO 开发板和 LED 灯制作广告牌流水灯效果。

2. 任务描述

在生活中经常会看到一些由各种颜色的 LED 灯组成的广告牌，广告牌上各个位置上的 LED 灯不断地闪烁变换，形成各种效果。本次任务使用 Arduino UNO 开发板实现对 LED 灯的编程控制来模拟广告牌流水灯的效果。

任务要求采用 Arduino UNO 开发板作为控制器，编程实现对多个 LED 灯的控制，完成 LED 灯的循环点亮，达到广告牌流水灯的效果。

3. 任务分析

本次任务以 Arduino UNO 开发板作为微控制器，使用 6 组 LED 灯电路（以 1 个 LED 和 1 个 220 Ω 色环电阻为 1 组），分别连接到 Arduino UNO 开发板的 6 个数字端口。通过 Arduino 编程实现对 6 组 LED 灯电路的点亮控制，从而达到广告牌流水灯的模拟效果。电路原理如图 2-16 所示。

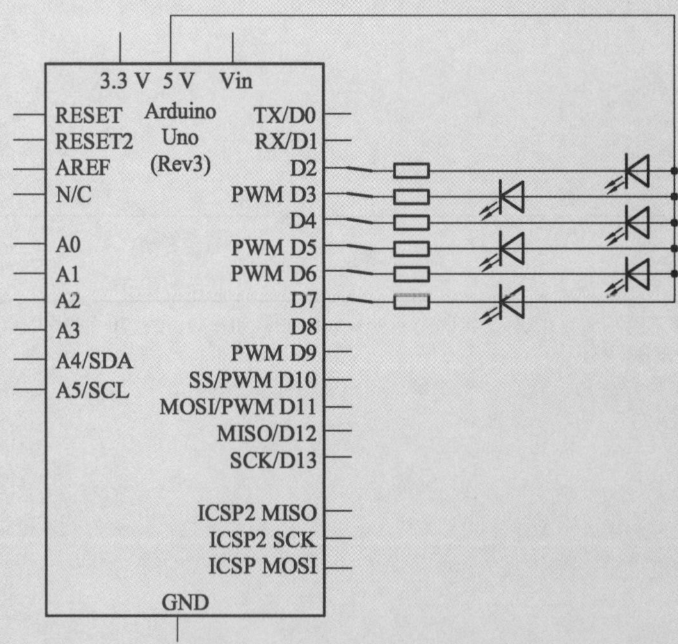

图 2-16　任务 2-3 电路原理图

【工作准备】

1. 材料准备

本次任务所需电子元件如表 2-8 所示。

表 2-8　任务 2-3 电子元件清单

序号	元件名称	规格	数量
1	开发板	Arduino UNO	1 个
2	数据线	USB	1 条
3	面包板	MB-102	1 个
4	LED 灯	红、黄、绿、蓝、白皆可	6 个
5	色环电阻	220Ω	6 个
6	跳线	针脚	若干

2. 安全事项

（1）作业前请检查是否穿戴好防护装备（护目镜、防静电手套等）。

（2）检查电源及设备材料是否齐备、安全可靠。

（3）检查开发板、LED 灯、色环电阻有无损坏或异常。

（4）作业时要注意摆放好设备材料，避免伤人或造成设备材料损伤。

【任务实施】

第 1 步：使用 Fritzing 软件设计和绘制电路设计图，如图 2-17 所示。根据电路设计图，完成 Arduino UNO 开发板及其他电子元件的硬件连接。

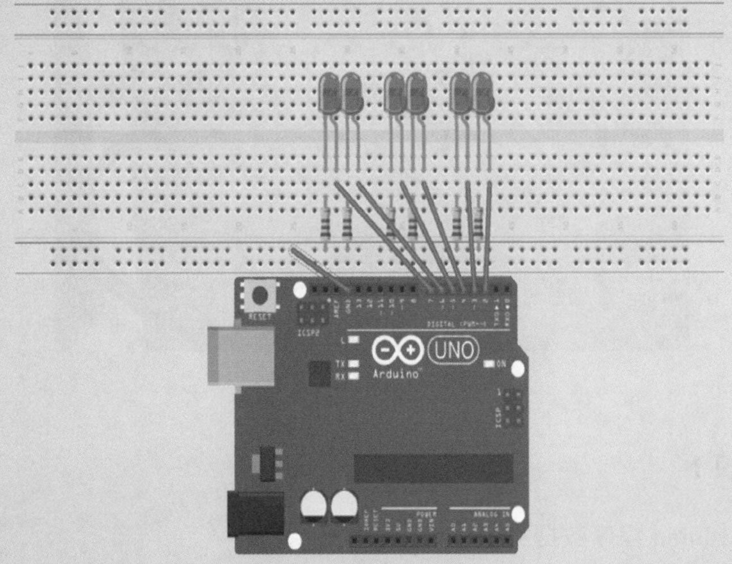

图 2-17　广告灯电路设计

第 2 步：创建 Arduino 程序“demo_2_3”。程序代码如下：

```
int BASE = 2;
int num = 6;
void setup() {
   for(int i=BASE;i<(BASE+num);i++){
      pinMode(i,OUTPUT);
   }
}
void loop() {
   for(int i=BASE;i<(BASE+num);i++){
      digitalWrite(i,LOW);
      delay(200);
   }
   for(int i=BASE;i<(BASE+num);i++){
      digitalWrite(i,HIGH);
      delay(200);
   }
}
```

第 3 步：编译并上传程序至开发板，上传成功查看运行效果，如图 2-18 所示。

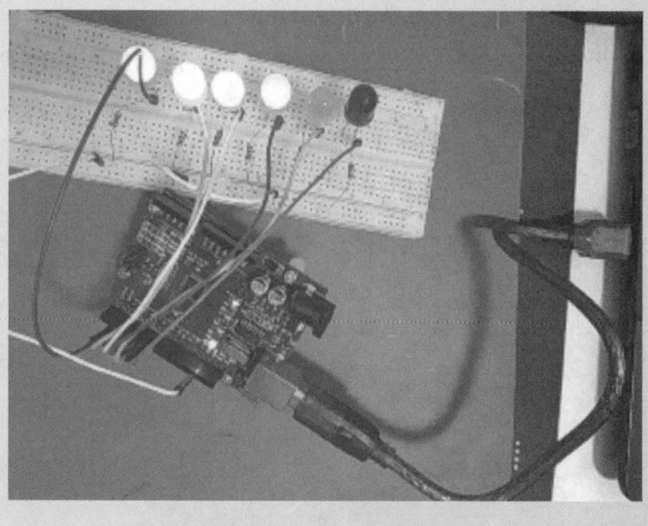

图 2-18　任务 2-3 运行效果

【技术知识】

1．Arduino 程序数据类型

（1）void 数据类型。

void 只用在函数声明中。它表示该函数将不会被返回任何数据到它被调用的函数中。

使用示例：

```
void setup(){
}
void loop(){
}
```

（2）boolean 数据类型。

boolean 即布尔类型，拥有两个值，即 true 或 false。

使用示例：

```
boolean running = false;
```

（3）char 数据类型。

char 即字符类型。若为单个字符则使用单引号，如‘A’；若为多个字符（即字符串）则使用双引号，如“ABC”。字符以编号的形式存储，如 ASCII 编码。ASCII 编码值可以用来作数学计算，例如‘A’+1，因为大写 A 的 ASCII 值是 65，所以结果为 66。

char 数据类型是有符号的类型，其编码为 – 128 到 127。对于无符号一个字节（8 位）的数据类型，可以使用 byte 数据类型。

使用示例：

```
char Char1 = ‘A’;
char Char2 = 65;
```

（4）byte 数据类型。

byte 即字节类型，byte 数据类型可以存储一个字节 8 位无符号数，从 0 到 255。

使用示例：

```
byte b = B10010;   //“B”是二进制格式（B10010 等于十进制 18）
```

（5）int 数据类型。

int 即整数，占 2 字节。整数的范围为 – 32 768 到 32 767。在 Arduino 程序中，int 整数类型使用 2 的补码方式存储负数。最高位通常为符号位，表示数的正负。其余位被“取反加 1”。

语法：

```
int var = val;
```

其中 var 为变量名，val 赋给变量的值。

使用示例：

```
int ledPin = 13;
```

2. Arduino 程序循环语句

循环结构是程序控制结构中的一种，该程序结构可以反复执行某些操作。在

Arduino 程序中，循环结构语句包括 for 循环、while 循环、以及 do-while 循环。其中 for 循环的语法结构如下：

```
for(表达式 1; 表达式 2; 表达式 3){
语句;
}
```

一般地，表达式 1 为 for 循环初始化语句，表达式 2 为判断语句，表达式 3 为增量语句。

【工作拓展】

完成图 2-19 所示流水灯的设计与制作，并使用 Arduino UNO 开发板编程实现流水灯的循环显示。

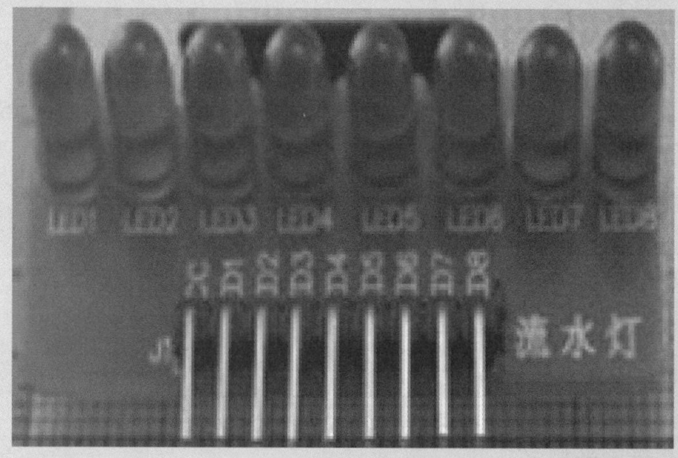

图 2-19　任务 2-3 工作拓展

【考核评价】

1. 任务考核

表 2-9 任务 2-3 考核表

考核内容		考核评分		
项目	内 容	配分	得分	批注
工作准备（30%）	能够正确理解工作任务 2-3 内容、范围及工作指令	10		
	能够查阅和理解技术手册，确认 Arduino UNO 开发板技术标准及要求	5		
	使用个人防护用品或衣着适当，能正确使用防护用品	5		
	准备工作场地及器材，能够识别工作场所的安全隐患	5		
	确认设备及工具量具，检查其是否安全及正常工作	5		
实施程序（50%）	正确辨识工作任务所需的 Arduino UNO 开发板	10		
	正确检查 Arduino UNO 开发板有无损坏或异常	10		
	正确选择 USB 数据线	10		
	正确选用工具进行规范操作，完成装置安装、调试和维护	10		
	安全无事故并在规定时间内完成任务	10		
完工清理（20%）	收集和储存可以再利用的原材料、余料	5		
	遵循维护工作程序清洁垃圾、清洁和整理工作区域	5		
	对工具、设备及开发板进行清洁	5		
	按照工作程序，填写完成作业单	5		
考核评语	考核人员： 日期： 年 月 日	考核成绩		

2．任务评价

表 2-10　任务 2-3 评价表

评价项目	评价内容	评价成绩	备注
工作准备	任务领会、资讯查询、器材准备	□A □B □C □D □E	
知识储备	系统认知、原理分析、技术参数	□A □B □C □D □E	
计划决策	任务分析、任务流程、实施方案	□A □B □C □D □E	
任务实施	专业能力、沟通能力、实施结果	□A □B □C □D □E	
职业道德	纪律素养、安全卫生、器材维护	□A □B □C □D □E	
其他评价			
导师签字：	日期：	年　月　日	

注：在选项“□”里打“√”，其中 A：90～100；B：80～89；C：70～79；D：60～69；E：不合格。

任务 2-4　嵌入式小夜灯装置制作

项目 2 操作视频

【任务要求】

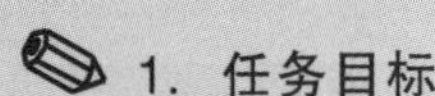

1. 任务目标

使用 Arduino UNO 开发板、按键开关和 LED 灯编程实现一个小夜灯的制作。

2. 任务描述

小夜灯是日常生活中的常用小电器。小夜灯一般灯光柔和，在室内黑夜中起到指引照明的作用。小夜灯的电路设计比较简单，实际上就是通过一个按键开关来实现对 LED 灯的照明控制。

本次任务采用 Arduino UNO 开发板作为控制器，通过 Arduino 编程实现用一个按键开关来控制对 LED 灯的开关控制，从而达到小夜灯的模拟效果。

3. 任务分析

本次任务将介绍 Arduino UNO 开发板的 I/O 口的输入功能使用，即通过 Arduino UNO 开发板的数字端口引脚读取外接设备（按键开关）的输出值。在 Arduino UNO 开发板中，I/O 的意思指 INPUT 接口和 OUTPUT 接口。到目前为止我们编程实现控制的 LED 灯都还只是使用到 Arduino UNO 开发板数字 I/O 端口的输出功能。这次任务将使用一个按键开关作为输入端来控制输出端 LED 灯的照明控制，以此演示 Arduino UNO 开发板数字端口输入与输出相结合的使用过程，从而了解 Arduino UNO 开发板数字 I/O 端口的作用。此次任务电路原理如图 2-20 所示。

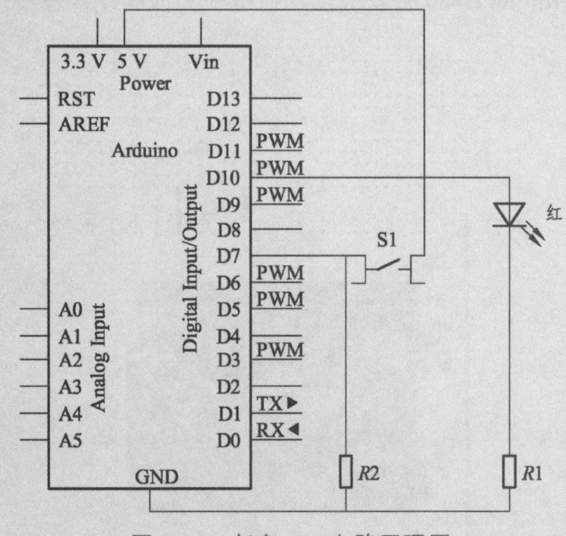

图 2-20　任务 2-4 电路原理图

【工作准备】

1．材料准备

本次任务所需电子元件材料如表 2-11 所示。

表 2-11　任务 2-4 电子元件材料清单

序号	元件名称	规格	数量
1	开发板	Arduino UNO	1 个
2	数据线	USB	1 条
3	面包板	MB-102	1 个
4	按键开关	四脚	1 个
5	LED 灯	红	1 个
6	色环电阻	220 Ω	1 个
7	色环电阻	10 kΩ	1 个
8	跳线	针脚	若干

2．安全事项

（1）作业前请检查是否穿戴好防护装备（护目镜、防静电手套等）。

（2）检查电源及设备材料是否齐备、安全可靠。

（3）检查开发板、按键开关、LED 灯、色环电阻有无损坏或异常。

（4）作业时要注意摆放好设备材料，避免伤人或造成设备材料损伤。

【任务实施】

第 1 步：使用 Fritzing 软件设计和绘制电路设计图，如图 2-21 所示。根据电路设计图，完成 Arduino UNO 开发板及其他电子元件的硬件连接，如图 2-22 所示。

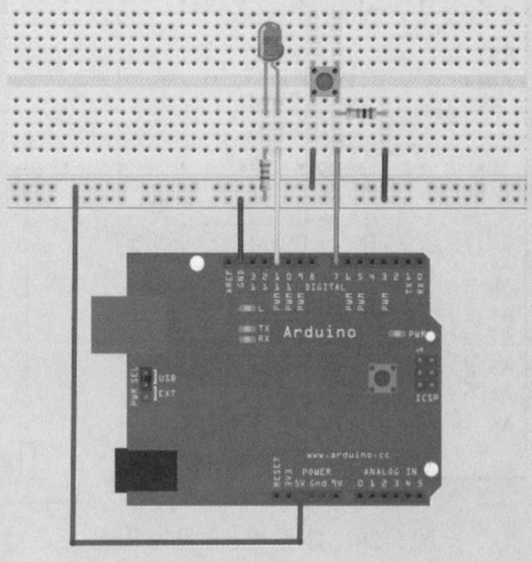

图 2-21　任务 2-4 电路设计图

图 2-22　任务 2-4 硬件连接

第 2 步：创建 Arduino 程序“demo_2_4”。程序代码如下：

```
int ledPin = 11;
int keyPin = 7;
int val;
void setup() {
  pinMode(ledPin,OUTPUT);
  pinMode(keyPin,INPUT);
}
void loop() {
  val = digitalRead(keyPin);
  if(val==LOW){
    digitalWrite(ledPin,LOW);
  }else{
    digitalWrite(ledPin,HIGH);
  }
}
```

第 3 步：编译并上传程序至开发板。运行结果如图 2-23 所示。

图 2-23　任务 2-4 制作效果

第 4 步：修改程序（代码如下），上传至开发板，查看运行效果。

```
int ledPin = 7;
int keyPin = 8;
unsigned char KEYNUM = 0;
bool flag_led = 0;
void setup() {
  pinMode(ledPin,OUTPUT);
  pinMode(keyPin,INPUT);
}
void loop() {
  scanKey();
  if(KEYNUM==1){
    KEYNUM=0;
    flag_led=!flag_led;
    digitalWrite(ledPin,flag_led);
  }
}
void scanKey(){ //扫描按键
  if(digitalRead(keyPin)==0){
    delay(20);//防止手按速度太快
    if(digitalRead(keyPin)==0){
      KEYNUM = 1;
      while(digitalRead(keyPin)==0);//一直循环执行
    }
  }
}
```

【技术知识】

1．按键开关

本次任务，我们使用的按键开关有四个引脚，如图 2-24 所示。当按下按键时就会接通按键两端，当放开按键时，两端自然断开。

2．digitalRead (pin)

功能：读取引脚电平状态。

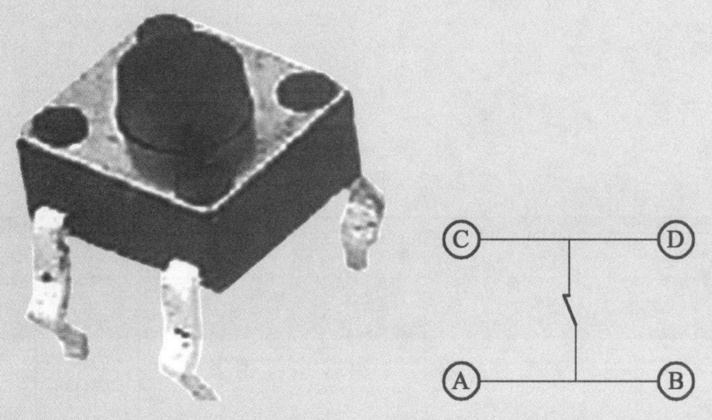

图 2-24　按键模块

形式：digitalRead (pin)

参数：pin——要读取的引脚

返回值：HIGH 或者 LOW

值得注意的是，如果引脚没有接任何东西，那么这个函数可能返回 HIGH 也可能返回 LOW，是随机的。

使用示例：

```
val = digitalRead(inPin);      // 读取引脚 inPin 电平状态,将状态值赋给变量 val
digitalWrite(ledPin, val);     // 设置引脚 ledPin 输出为 val
```

【工作拓展】

完成如图 2-25 所示 LED 小台灯的设计与制作，并使用 Arduino UNO 开发板编程通过按键开关实现对该台灯的开关控制。

图 2-25　任务 2-4 工作拓展

【考核评价】

1．任务考核

表 2-12　任务 2-4 考核表

考核内容		考核评分		
项目	内　容	配分	得分	批注
工作准备（30%）	能够正确理解工作任务 2-4 内容、范围及工作指令	10		
	能够查阅和理解技术手册，确认 Arduino UNO 开发板技术标准及要求	5		
	使用个人防护用品或衣着适当，能正确使用防护用品	5		
	准备工作场地及器材，能够识别工作场所的安全隐患	5		
	确认设备及工具量具，检查其是否安全及正常工作	5		
实施程序（50%）	正确辨识工作任务所需的 Arduino UNO 开发板	10		
	正确检查 Arduino UNO 开发板有无损坏或异常	10		
	正确选择 USB 数据线	10		
	正确选用工具进行规范操作，完成装置安装、调试和维护	10		
	安全无事故并在规定时间内完成任务	10		
完工清理（20%）	收集和储存可以再利用的原材料、余料	5		
	遵循维护工作程序清洁垃圾、清洁和整理工作区域	5		
	对工具、设备及开发板进行清洁	5		
	按照工作程序，填写完成作业单	5		
考核评语	考核人员：　　　　日期：　　年　月　日	考核成绩		

2．任务评价

表 2-13　任务 2-4 评价表

评价项目	评价内容	评价成绩	备注
工作准备	任务领会、资讯查询、器材准备	□A □B □C □D □E	
知识储备	系统认知、原理分析、技术参数	□A □B □C □D □E	
计划决策	任务分析、任务流程、实施方案	□A □B □C □D □E	
任务实施	专业能力、沟通能力、实施结果	□A □B □C □D □E	
职业道德	纪律素养、安全卫生、器材维护	□A □B □C □D □E	
其他评价			
导师签字：		日期：	年　月　日

注：在选项“□”里打“√”，其中 A：90～100；B：80～89；C：70～79；D：60～69；E：不合格。

任务 2-5　嵌入式抢答器装置制作

项目 2 操作视频

【任务要求】

1. 任务目标

使用 Arduino UNO 开发板、按键开关和 LED 灯设计制作一个简易的抢答器。

2. 任务描述

在一些知识问答竞赛中常会用到抢答器，谁先触碰了相应的按钮，会有一个与之相对应的灯亮起，起到可以判断谁先谁后的效果。本次任务使用 Arduino UNO 开发板、按键开关和 LED 灯制作一个简易的抢答器，通过 Arduino 编程实现抢答灯亮的效果。

3. 任务分析

抢答器装置实际上就是使用 1 个按键开关对应控制 1 个 LED 灯。基于任务 2-4 按键开关控制 LED 技术，可以使用 Arduino UNO 开发板作为控制器制作一个抢答器，一个按键开关对应一个输入，一个 LED 对应一个输出。本次任务制作的简易抢答器将使用 4 个按键开关和 3 个 LED 灯，其中 3 个按键开关分别对应控制 3 个 LED 灯，剩下的 1 个按键开关作为复位开关。本次任务将占用 Arduino UNO 开发板的 7 个数字 I/O 端口。

【工作准备】

1. 材料准备

本次任务所需电子元件材料如表 2-14 所示。

表 2-14　任务 2-5 电子元件材料清单

序号	元件名称	规格	数量
1	开发板	Arduino UNO	1 个
2	数据线	USB	1 条
3	面包板	MB-102	1 个
4	按键开关	四脚	4 个
5	LED 灯	红	1 个
6	LED 灯	黄	1 个
7	LED 灯	绿	1 个
8	色环电阻	220Ω	7 个
9	跳线	针脚	若干

2．安全事项

（1）作业前请检查是否穿戴好防护装备（护目镜、防静电手套等）。

（2）检查电源及设备材料是否齐备、安全可靠。

（3）检查开发板、按键开关、LED 灯、色环电阻有无损坏或异常。

（4）作业时要注意摆放好设备材料，避免伤人或造成设备材料损伤。

【任务实施】

第 1 步：使用 Fritzing 软件设计和绘制电路设计图，如图 2-26 所示。根据电路设计图，完成 Arduino UNO 开发板及其他电子元件的硬件连接。

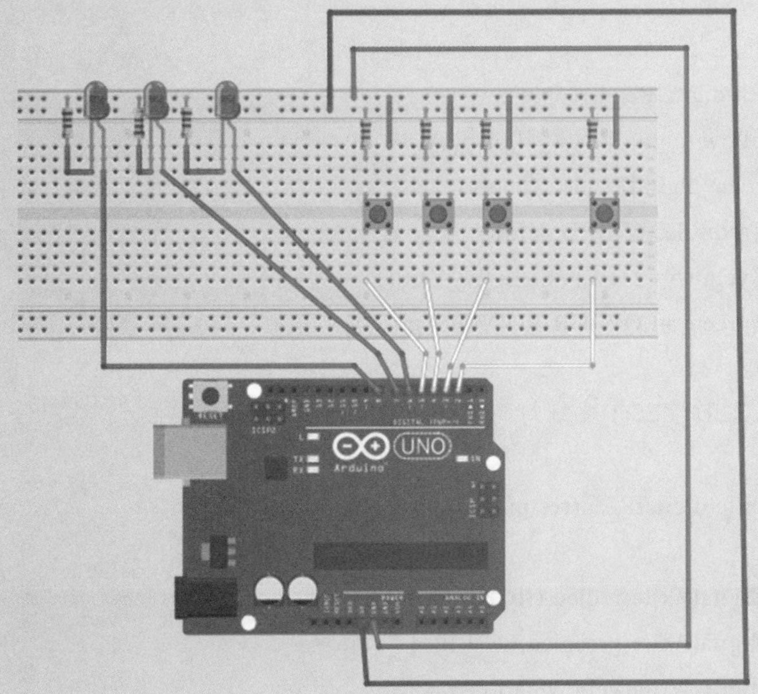

图 2-26　抢答器设计图

第 2 步：创建 Arduino 程序“demo_2_5”。程序代码如下：

```
int redled=8;          //红色 LED 输出
int yellowled=7;       //黄色 LED 输出
int greenled=6;        //绿色 LED 输出
int redpin=5;          //红色按键引脚
int yellowpin=4;       //黄色按键引脚
int greenpin=3;        //绿色按键引脚
int restpin=2;         //复位按键引脚定义
int red;
int yellow;
int green;
```

```
void setup()
{
  pinMode(redled,OUTPUT);
  pinMode(yellowled,OUTPUT);
  pinMode(greenled,OUTPUT);
  pinMode(redpin,INPUT);
  pinMode(yellowpin,INPUT);
  pinMode(greenpin,INPUT);
}
void loop()
{
  red=digitalRead(redpin);
  yellow=digitalRead(yellowpin);
  green=digitalRead(greenpin);
  if(red==LOW)RED_YES();
  if(yellow==LOW)YELLOW_YES();
  if(green==LOW)GREEN_YES();
}
void RED_YES()   //红灯亮，直到复位键按下为止
{
  while(digitalRead(restpin)==1)
  {
   digitalWrite(redled,HIGH);
   digitalWrite(greenled,LOW);
   digitalWrite(yellowled,LOW);
  }
  clear_led();
}
void YELLOW_YES()  //黄灯亮，直到复位键按下为止
{
  while(digitalRead(restpin)==1)
  {
  digitalWrite(redled,LOW);
  digitalWrite(greenled,LOW);
  digitalWrite(yellowled,HIGH);
  }
  clear_led();
```

```
}
void GREEN_YES()     //绿灯亮，直到复位键按下为止
{
  while(digitalRead(restpin)==1)
  {
  digitalWrite(redled,LOW);
  digitalWrite(greenled,HIGH);
  digitalWrite(yellowled,LOW);
  }
  clear_led();
}
void clear_led()
{
  digitalWrite(redled,LOW);
  digitalWrite(greenled,LOW);
  digitalWrite(yellowled,LOW);
}
```

第 3 步：编译并上传程序至开发板。运行结果如图 2-27 所示。

图 2-27 抢答器实物连接

【技术知识】

1. if 语句

分支结构是编程中的最基本结构，在 Arduino 中，可以使用 if 语句实现分支结构。通过 if 语句的条件判断，可以根据某个条件的真假（即是否满足某个条件）而执行不同的代码。if 语句的形式如下：

（1）if

语法：if（表达式）{语句;}

说明：该形式采用括号中的表达式，后面跟随语句或语句块。如果表达式为真，则执行语句或语句块，否则跳过这些语句。

（2）if … else …

语法：if（表达式）{语句;}else{ 语句; }

说明：该形式 if 语句后面可以跟随一个可选的 else 语句，当表达式为 false 时执行。

（3）If … else if … else …

语法：if（表达式）{语句; } else if {语句; }else{语句; }

说明：if 语句后面可以跟随一个可选的 else if ... else 语句，其对于存在多个条件判断非常有用。

2．函　数

在 Arduino 中，函数允许在代码段中构造程序来执行单独的任务。一般地，在程序需要多次执行相同的动作时可以创建一个函数。

创建函数的优点在于：一是可以将多个语句写在一起，方便调用和修改维护；二是使程序代码简化紧凑，使之更具可读性。

在 Arduino 程序中有两个必需的函数，即 setup（ ）和 loop（ ）。其他函数可以在这两个函数之上或之下创建。

使用示例：

```
int sum_func (int x, int y) {
    int z = 0;
    z = x+y ;
    return z;
}
```

【工作拓展】

使用 Arduino Uno 开发板编程通过串口通信实现对图 2-28 所示电路中按钮状态的读取显示。

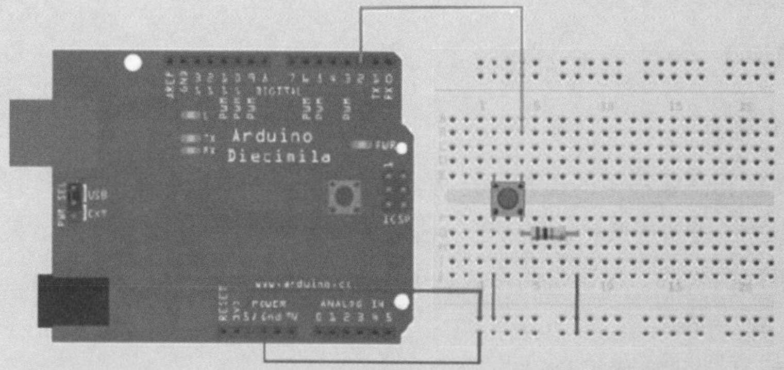

图 2-28　任务 2-5 工作拓展

【考核评价】

1. 任务考核

表 2-15　任务 2-5 考核表

考核内容		考核评分		
项目	内　容	配分	得分	批注
工作准备（30%）	能够正确理解工作任务 2-5 内容、范围及工作指令	10		
	能够查阅和理解技术手册，确认 Arduino UNO 开发板技术标准及要求	5		
	使用个人防护用品或衣着适当，能正确使用防护用品	5		
	准备工作场地及器材，能够识别工作场所的安全隐患	5		
	确认设备及工具量具，检查其是否安全及正常工作	5		
实施程序（50%）	正确辨识工作任务所需的 Arduino UNO 开发板	10		
	正确检查 Arduino UNO 开发板有无损坏或异常	10		
	正确选择 USB 数据线	10		
	正确选用工具进行规范操作，完成装置安装、调试和维护	10		
	安全无事故并在规定时间内完成任务	10		
完工清理（20%）	收集和储存可以再利用的原材料、余料	5		
	遵循维护工作程序清洁垃圾、清洁和整理工作区域	5		
	对工具、设备及开发板进行清洁	5		
	按照工作程序，填写完成作业单	5		
考核评语	考核人员：　　　　日期：　　年　月　日	考核成绩		

2．任务评价

表 2-16　任务 2-5 评价表

评价项目	评价内容	评价成绩	备注
工作准备	任务领会、资讯查询、器材准备	□A □B □C □D □E	
知识储备	系统认知、原理分析、技术参数	□A □B □C □D □E	
计划决策	任务分析、任务流程、实施方案	□A □B □C □D □E	
任务实施	专业能力、沟通能力、实施结果	□A □B □C □D □E	
职业道德	纪律素养、安全卫生、器材维护	□A □B □C □D □E	
其他评价			
导师签字：	日期：		年　月　日

注：在选项“□”里打“√”，其中 A：90～100；B：80～89；C：70～79；D：60～69；E：不合格。

任务 2-6　嵌入式呼吸灯装置制作

项目 2 操作视频

【任务要求】

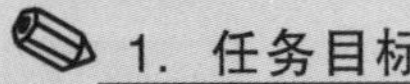

1. 任务目标

使用 Arduino UNO 开发板和电位器制作一个简易的呼吸灯。

2. 任务描述

在日常生活中，我们知道，一些灯在照明时，通过一定调节控制，可以使灯光产生由暗转亮、由亮转暗效果，具备这种效果的灯被人们形象地称为呼吸灯。在本次任务中，我们将使用 Arduino UNO 开发板和电位器来设计和制作调控灯光亮度的设备。

3. 任务分析

为实现对灯光的调节控制，可以将 LED 灯接到 Arduino UNO 开发板的 PWM 接口上，这样通过产生不同的 PWM 信号就可以让 LED 灯有亮度不同的变化。此外，也可以使用电位器来调节控制 LED 灯的亮度。即用一个电位器元件，将其接到 Arduino UNO 开发板上的模拟口，采用模拟值输入来控制 LED 的照明发生明暗的变化。

本次任务将介绍 Arduino UNO 开发板模拟 I/O 端口的使用。在 Arduino UNO 开发板中，拥有 A0～A5 等共计 6 个模拟 I/O 端口，此外，还有 3、5、6、9、10、11 等 6 个数字 I/O 端口，这 6 个端口同时具有 PWM 接口功能。本次任务将分别演示电位器和 PWM 接口的使用。其中电位器使用的电路原理如图 2-29 所示。

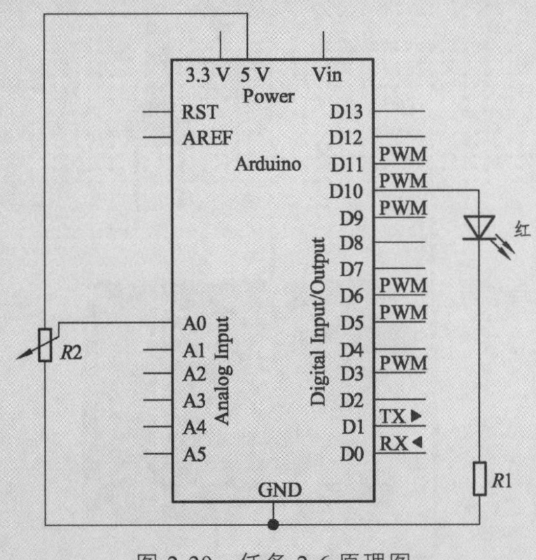

图 2-29　任务 2-6 原理图

【工作准备】

1．材料准备

本次任务所需电子元件材料如表 2-17 所示。

表 2-17　任务 2-6 电子元件材料清单

序号	元件名称	规格	数量
1	开发板	Arduino UNO	1 个
2	数据线	USB	1 条
3	面包板	MB-102	1 个
4	电位器	B10K	1 个
5	LED 灯	红色	1 个
6	色环电阻	220Ω	1 个
7	跳线	针脚	若干

2．安全事项

（1）作业前请检查是否穿戴好防护装备（护目镜、防静电手套等）。

（2）检查电源及设备材料是否齐备、安全可靠。

（3）检查开发板、电位器模块有无损坏或异常。

（4）作业时要注意摆放好设备材料，避免伤人或造成设备材料损伤。

【任务实施】

第 1 步：使用 Fritzing 软件设计和绘制电路设计图，如图 2-30 所示。根据电路设计图，完成 Arduino UNO 开发板及其他电子元件的硬件连接。

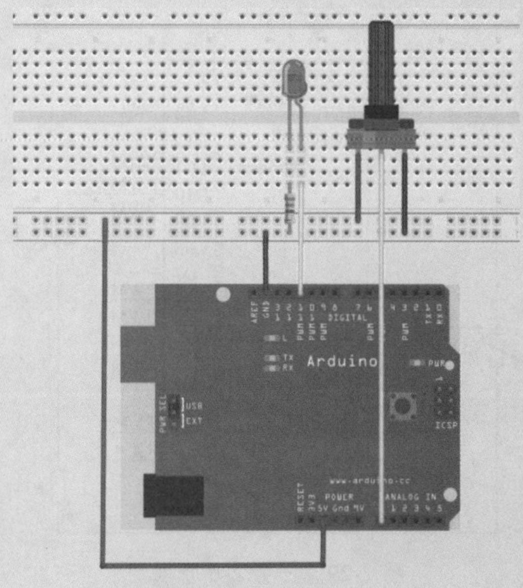

图 2-30　任务 2-6 电路设计图

第 2 步：创建 Arduino 程序“demo_2_6”。程序代码如下：

```
int ledPin = 11;
int readValue = 0;
int ledValue = 0;
void setup() {
  pinMode(ledPin,OUTPUT);
  Serial.begin(9600);
}
void loop() {
  readValue = analogRead(A0);
  Serial.println(readValue);
  ledValue = map(readValue,0,1023,0,255);
  analogWrite(ledPin,ledValue);
}
```

第 3 步：编译并上传程序至开发板。运行结果如图 2-31 所示。

图 2-31　任务 2-6 制作效果

第 4 步：修改程序（代码如下），编译并上传程序至开发板，查看运行效果。

```
int ledPin = 11;   //数字端口 11 是 PWM 接口
void setup ()
{
  pinMode(ledPin,OUTPUT);
}
void loop()
{
  for (int a=0; a<=255;a++)   //循环语句，控制 PWM 亮度的增加
  {
```

```
        analogWrite(ledPin,a);
        delay(5);                    //当前亮度级别维持的时间，单位毫秒
    }
    for (int a=255; a>=0;a--)       //循环语句，控制 PWM 亮度减小
    {
        analogWrite(ledPin,a);
        delay(5);                    //当前亮度的维持的时间，单位毫秒
    }
}
```

【技术知识】

1．电位器

电位器实际上是一种可调的滑变电阻，其原理如图 2-32 所示。电位器一般有 3 个引脚，其中引脚 1 接 VCC，引脚 2 为输出，引脚 3 接 GND。通过旋转旋钮可以改变引脚 2 位置，从而改变引脚 2 到两端的电阻值。

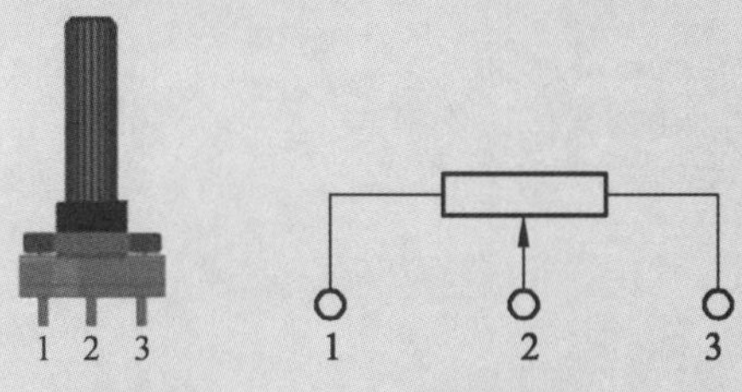

图 2-32　电位器原理图

在本次任务中，使用的电位器为 B10K，如图 2-33 所示。其中引脚 VCC 和引脚 GND 分别接到 Arduino UNO 开发板的 5V 和 GND 引脚，中间引脚 OUT 可以接到 Arduino UNO 开发板的模拟端口 A0。通过模拟 I/O 引脚 A0 可以读取电位器引脚 OUT 的电压值，其范围一般在 0 V 和 5 V 之间。

图 2-33　电位器 B10K

2．PWM

PWM（Pulse Width Modulation）是一种方波控制信号。方波高电平的宽度在一个周期里的占比被称为占空比（Duty Cycle）。改变 PWM 的占空比，可以改

变输出信号的平均电压，实现模拟电压的输出。

Arduino 开发板的某些引脚具有输出可自定义频率（100 Hz）的 PWM 功能。通过连接这些引脚，使用 Arduino 程序语句可以实现 PWM 输出，但是输出信号的频率不能更改。

在 Arduino UNO 开发板中，数字 I/O 端口 3、5、6、9、10、11 等拥有 PWM 输出功能。可以通过语句 analogWrite（pin, dutyCycle）来实现一个指定占空比的 PWM。其中 pin 的值选择（3、5、6、9、10、11），dutyCycle 的值在 0 ~ 255，0 为占空比 0%，255 为占空比 100%。但是这种方式 PWM 信号的频率是固定的默认值，大约 1 000 Hz（16 MHz/64/256）。

【工作拓展】

使用 Arduino UNO 开发板编程通过串口通信实现对图 2-34 所示电路中电位器数值的读取显示，看看当电位器的旋转按钮变化时，读取数据发生的变化。

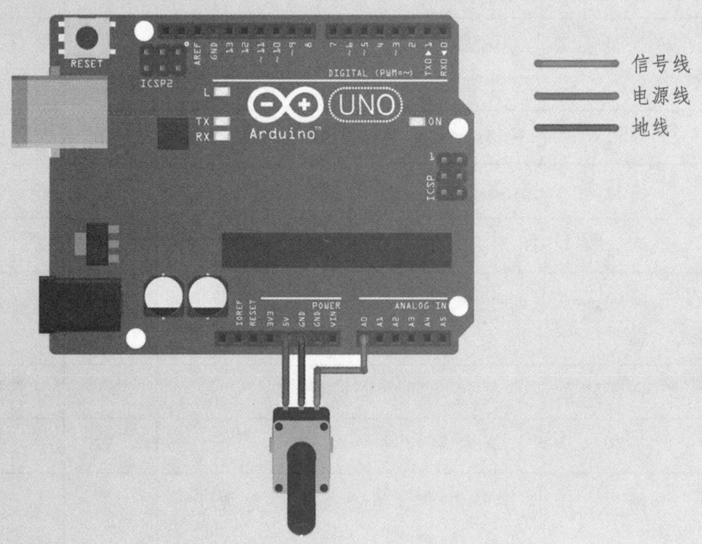

图 2-34　任务 2-6 工作拓展

【考核评价】

1. 任务考核

表 2-18　任务 2-6 考核表

<table>
<tr><th colspan="2">考核内容</th><th colspan="3">考核评分</th></tr>
<tr><th>项目</th><th>内　容</th><th>配分</th><th>得分</th><th>批注</th></tr>
<tr><td rowspan="5">工作准备（30%）</td><td>能够正确理解工作任务 2-6 内容、范围及工作指令</td><td>10</td><td></td><td></td></tr>
<tr><td>能够查阅和理解技术手册，确认 Arduino UNO 开发板技术标准及要求</td><td>5</td><td></td><td></td></tr>
<tr><td>使用个人防护用品或衣着适当，能正确使用防护用品</td><td>5</td><td></td><td></td></tr>
<tr><td>准备工作场地及器材，能够识别工作场所的安全隐患</td><td>5</td><td></td><td></td></tr>
<tr><td>确认设备及工具量具，检查其是否安全及正常工作</td><td>5</td><td></td><td></td></tr>
<tr><td rowspan="5">实施程序（50%）</td><td>正确辨识工作任务所需的 Arduino UNO 开发板</td><td>10</td><td></td><td></td></tr>
<tr><td>正确检查 Arduino UNO 开发板有无损坏或异常</td><td>10</td><td></td><td></td></tr>
<tr><td>正确选择 USB 数据线</td><td>10</td><td></td><td></td></tr>
<tr><td>正确选用工具进行规范操作，完成装置安装、调试和维护</td><td>10</td><td></td><td></td></tr>
<tr><td>安全无事故并在规定时间内完成任务</td><td>10</td><td></td><td></td></tr>
<tr><td rowspan="4">完工清理（20%）</td><td>收集和储存可以再利用的原材料、余料</td><td>5</td><td></td><td></td></tr>
<tr><td>遵循维护工作程序清洁垃圾、清洁和整理工作区域</td><td>5</td><td></td><td></td></tr>
<tr><td>对工具、设备及开发板进行清洁</td><td>5</td><td></td><td></td></tr>
<tr><td>按照工作程序，填写完成作业单</td><td>5</td><td></td><td></td></tr>
<tr><td>考核评语</td><td>考核人员：　　　　日期：　　年　月　日</td><td>考核成绩</td><td colspan="2"></td></tr>
</table>

2．任务评价

表 2-19　任务 2-6 评价表

评价项目	评价内容	评价成绩	备注
工作准备	任务领会、资讯查询、器材准备	□A □B □C □D □E	
知识储备	系统认知、原理分析、技术参数	□A □B □C □D □E	
计划决策	任务分析、任务流程、实施方案	□A □B □C □D □E	
任务实施	专业能力、沟通能力、实施结果	□A □B □C □D □E	
职业道德	纪律素养、安全卫生、器材维护	□A □B □C □D □E	
其他评价			
导师签字：	日期：	年　月　日	

注：在选项“□”里打“√”，其中 A：90～100；B：80～89；C：70～79；D：60～69；E：不合格。

任务 2-7　嵌入式感光灯装置制作

项目 2 操作视频

【任务要求】

1．任务目标

使用 Arduino Uno 开发板和光敏电阻制作一个简易的感光灯。

2．任务描述

在日常生活中，一些照明灯具能够根据环境光线的变化，通过自身调节控制，使灯的亮度发生相应的变化。这类灯被我们称为感光灯。在本次任务中，我们将使用 Arduino UNO 开发板和光敏电阻来设计和制作一款简易的感光灯。

3．任务分析

本任务是通过使用光敏电阻，采用 PWM 引脚实现在光照强度不同的时候控制 LED 灯的亮度。电路原理如图 2-35 所示。

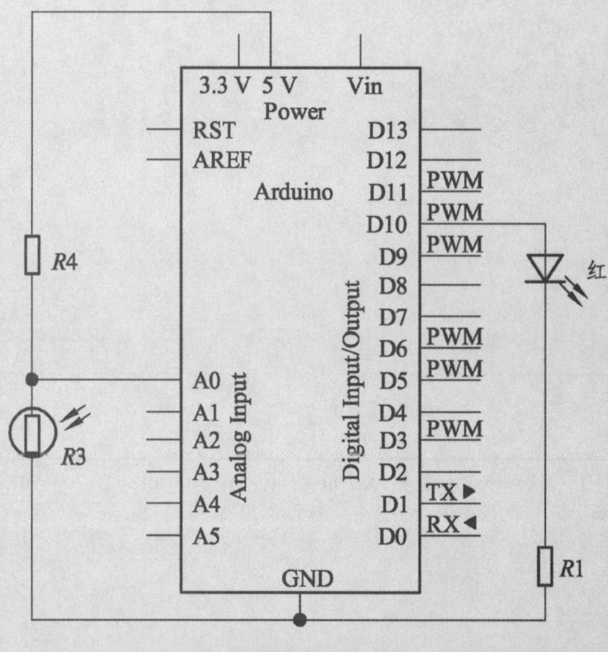

图 2-35　任务 2-7 电路原理图

【工作准备】

1．材料准备

本次任务所需电子元件材料如表 2-20 所示。

表 2-20　任务 2-7 电子元件材料清单

序号	元件名称	规格	数量
1	开发板	Arduino Uno	1 个
2	数据线	USB	1 条
3	面包板	MB-102	1 块
4	光敏电阻		1 个
5	LED 灯	红	1 个
6	色环电阻	220 Ω、10 kΩ	各 1 个
7	跳线	针脚	若干

2．安全事项

（1）作业前请检查是否穿戴好防护装备（护目镜、防静电手套等）。

（2）检查电源及设备材料是否齐备、安全可靠。

（3）检查开发板、光敏电阻有无损坏或异常。

（4）作业时要注意摆放好设备材料，避免伤人或造成设备材料损伤。

【任务实施】

第 1 步：使用 Fritzing 软件设计和绘制电路设计图，如图 2-36 所示。根据电路设计图，完成 Arduino Uno 开发板及其他电子元件的硬件连接。

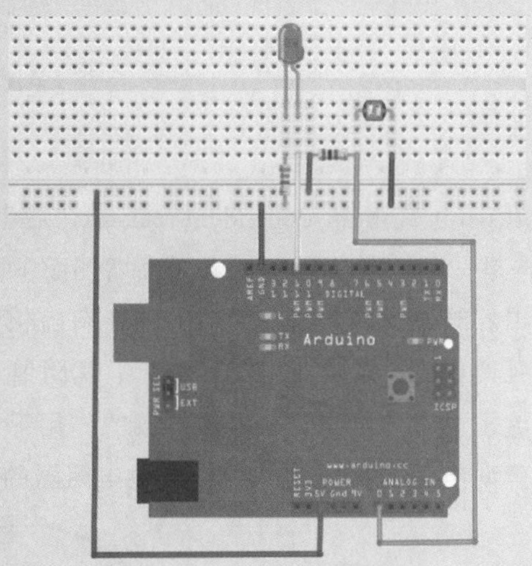

图 2-36　任务 2-7 电路设计图

第 2 步：创建 Arduino 程序“demo_2_7”。程序代码如下：

```
int potPin = 0;
int ledPin = 11;
int value = 0;
void setup() {
```

```
    pinMode(ledPin,OUTPUT);
    Serial.begin(9600);
}
void loop() {
    value = analogRead(potPin);
    Serial.println(value);
    analogWrite(ledPin,value);
    delay(10);
}
```

第 3 步：编译并上传程序至开发板。运行结果如图 2-37 所示。

图 2-37　任务 2-7 制作效果

【技术知识】

1．光敏电阻

光敏电阻（photoresistor 或 light-dependent resistor，后者缩写为 ldr）或光导管（photoconductor），是一种电阻值随照射光强度增加而下降的电子元件，如图 2-38 所示。该元件常用的制作材料为硫化镉，另外还有硫化铝、硫化铅和硫化铋等材料。这些制作材料具有在特定波长的光照射下，其阻值迅速减小的特性。这是由于光照产生的载流子都参与导电，在外加电场的作用下作漂移运动，电子奔向电源的正极，空穴奔向电源的负极，从而使光敏电阻器的阻值迅速下降。

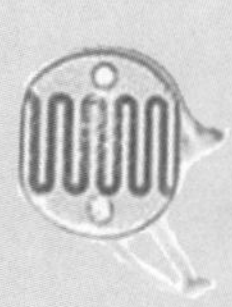

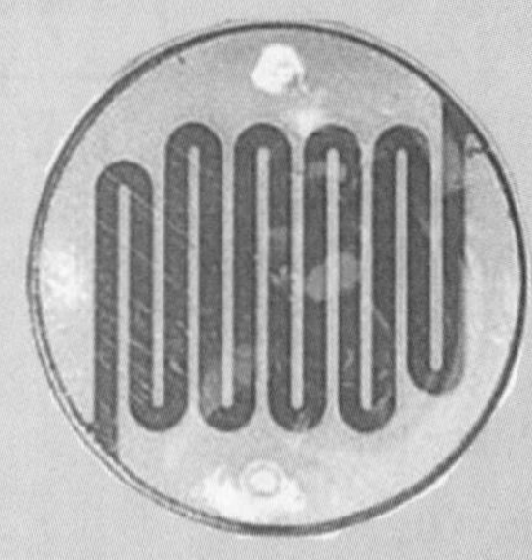

图 2-38　光敏电阻

光敏电阻的使用方法很简单，将其作为一个电阻接入电路中，然后使用 analogRead（ ）读取电压即可。这里我们将光敏电阻和一个普通电阻串联，根据串联分压的方法来读取到光敏电阻上的电压。

2．analogRead()

analogRead()可以从指定的模拟引脚读取值。一般地，Arduino Uno 开发板有 6 个通道（Mini 和 Nano 有 8 个，Mega 有 16 个），10 位 AD（模数）转换器。这意味着输入电压 0 ~ 5 V 对应 0 ~ 1 023 的整数值。这就是说读取精度为：5 V/1 024 个单位，约等于每个单位 0.049 V（4.9 mV）。输入范围和进度可以通过 analogReference()进行修改。模拟输入的读取周期为 100 μs（0.000 1 s），所以最大读取速度为每秒 10 000 次。

使用示例：

```
val = analogRead(A0);
Serial.println(val);
```

【工作拓展】

完成图 2-39 所示感光灯装置的设计与制作，并使用 Arduino UNO 开发板编程实现对感光灯的控制。

图 2-39　任务 2-7 工作拓展

【考核评价】

1．任务考核

表 2-21 任务 2-7 考核表

考核内容		考核评分		
项目	内 容	配分	得分	批注
工作准备（30%）	能够正确理解工作任务 2-7 内容、范围及工作指令	10		
	能够查阅和理解技术手册，确认 Arduino UNO 开发板技术标准及要求	5		
	使用个人防护用品或衣着适当，能正确使用防护用品	5		
	准备工作场地及器材，能够识别工作场所的安全隐患	5		
	确认设备及工具量具，检查其是否安全及正常工作	5		
实施程序（50%）	正确辨识工作任务所需的 Arduino UNO 开发板	10		
	正确检查 Arduino UNO 开发板有无损坏或异常	10		
	正确选择 USB 数据线	10		
	正确选用工具进行规范操作，完成装置安装、调试和维护	10		
	安全无事故并在规定时间内完成任务	10		
完工清理（20%）	收集和储存可以再利用的原材料、余料	5		
	遵循维护工作程序清洁垃圾、清洁和整理工作区域	5		
	对工具、设备及开发板进行清洁	5		
	按照工作程序，填写完成作业单	5		
考核评语	考核人员： 日期： 年 月 日	考核成绩		

2．任务评价

表 2-22　任务 2-7 评价表

评价项目	评价内容	评价成绩	备注
工作准备	任务领会、资讯查询、器材准备	□A □B □C □D □E	
知识储备	系统认知、原理分析、技术参数	□A □B □C □D □E	
计划决策	任务分析、任务流程、实施方案	□A □B □C □D □E	
任务实施	专业能力、沟通能力、实施结果	□A □B □C □D □E	
职业道德	纪律素养、安全卫生、器材维护	□A □B □C □D □E	
其他评价			
导师签字：		日期：　　年　　月　　日	

注：在选项“□”里打“√”，其中 A：90～100；B：80～89；C：70～79；D：60～69；E：不合格。

任务 2-8　嵌入式炫彩灯装置制作

项目 2 操作视频

【任务要求】

1. 任务目标

使用 Arduino UNO 开发板和 RGB 全彩 LED 制作一个 RGB 闪烁显示的炫彩灯。

2. 任务描述

在本次任务中，将介绍 Arduino UNO 开发板编程实现对 RGB 全彩 LED 的显示控制，并以此来设计和制作一个 RGB 闪烁显示的 LED 灯。

其控制原理是使用 Arduino UNO 开发板控制 3 组信号输出，以实现全彩 LED 的 R、G、B 三种颜色值不同的混合炫彩显示效果。

3. 任务分析

RGB 全彩 LED 看起来就像一个普通的 LED，但是和一般 LED 不同的是，在 RGB LED 灯封装内，有三个 LED，一个红色，一个绿色的，一个蓝色的。通过控制各个 LED 的亮度，理论上可以混合出各种想要的颜色。

RGB LED 模块共有 4 个引脚，常见的正极是第二管脚，也是最长的那个引线。此管脚将被连接到 + 5 V。其余的每个 LED 的需要串联 220 Ω 的电阻，以防止太大的电流流过烧毁。三个正管脚的 LED(一个红色，一个绿色以及一个蓝色)先接电阻，然后连接到 Arduino UNO 开发板的 PWM 输出引脚，可以用 D9、D10、D11 号管脚。

【工作准备】

1. 材料准备

本次任务所需电子元件材料如表 2-23 所示。

表 2-23　任务 2-8 电子元件材料清单

序号	元件名称	规格	数量
1	开发板	Arduino UNO	1 个
2	数据线	USB	1 条
3	面包板	MB-102	1 个
4	LED 灯	RGB LED	1 个
5	跳线	针脚	若干

2．安全事项

（1）作业前请检查是否穿戴好防护装备（护目镜、防静电手套等）。

（2）检查电源及设备材料是否齐备、安全可靠。

（3）检查开发板、RGB LED 模块有无损坏或异常。

（4）作业时要注意摆放好设备材料，避免伤人或造成设备材料损伤。

【任务实施】

第 1 步：使用 Fritzing 软件设计和绘制电路设计图，如图 2-40 所示。根据电路设计图，完成 Arduino Uno 开发板及其他电子元件的硬件连接。

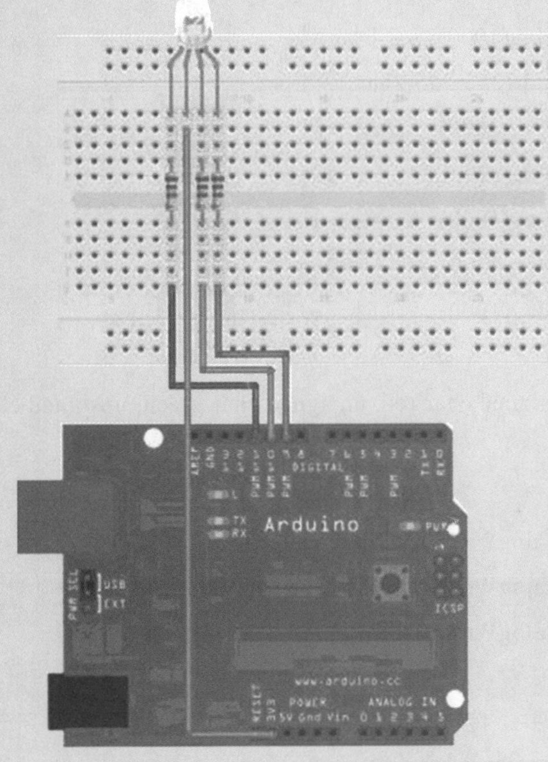

图 2-40　任务 2-8 电路设计图

第 2 步：创建 Arduino 程序“demo_2_8”。程序代码如下：

```
int redPin = 11;   //R 红色 LED 控制引脚 连接到 Arduino 的 11 脚
int greenPin = 9;   //G 绿色 LED 控制引脚 连接到 Arduino 的 9 脚
int bluePin = 10;   //B 蓝色 LED 控制引脚 连接到 Arduino 的 11 脚
void setup()
{
        pinMode(redPin, OUTPUT); //设置 redPin 对应的管脚 11 为输出
        pinMode(greenPin, OUTPUT); //设置 greenPin,对应的管脚 9 为输出
        pinMode(bluePin, OUTPUT); //设置 bluePin 对应的管脚 10 为输出
```

```
}
void loop()
{
        color(255, 0, 0); // 红色亮
        delay(1000); // 延时一秒
        color(0,255, 0); //绿色亮
        delay(1000); //延时一秒
        color(0, 0, 255); // 蓝色灯亮
        delay(1000); //延时一秒
        color(255,255,0); // 黄色
        delay(1000); //延时一秒
        color(255,255,255); // 白色
        delay(1000); //延时一秒
        color(128,0,255); // 紫色
        delay(1000); //延时一秒
        color(0,0,0); // 关闭 led
        delay(1000); //延时一秒
}
void color (unsigned char red, unsigned char green, unsigned char blue)   //颜色控制函数
{
        analogWrite(redPin, 255-red);
        analogWrite(bluePin, 255-blue);
        analogWrite(greenPin, 255-green);
}
```

第 3 步：编译并上传程序至开发板，运行结果如图 2-41 所示。

图 2-41　任务 2-8 运行效果

【技术知识】

1．RGB 全彩 LED

RGB 全彩 LED 是指一个 LED 里包含有红、绿、蓝三种颜色，又被称为三色 LED 的电子元件，如图 2-45 所示。其原理是在每种颜色的灯上的驱动电压不一样，亮度就不一样，它们组合在一起，就形成了各种颜色。RGB 全彩 LED 模块有 R、G、B 等 3 个输出，其中 R 为红色输出；G 为绿色输出；B 为蓝色输出。

RGB 全彩 LED 特点：3 组信号输出，可通过 Arduino 编程实现对 R、G、B 三种颜色值的混合，从而实现和达到全彩和炫彩的效果。

图 2-42　全彩 LED 模块

2．杜邦线

杜邦线是美国杜邦公司生产的有特殊效用的缝纫线。杜邦线可用于电路板的引脚扩展，可以非常牢靠地和插针连接，无须焊接，可以快速进行电路的测试与试验。杜邦线有母对母、公对母、公对公等不同接口，如图 2-43 所示。在使用时，要注意选择合适接口的杜邦线。

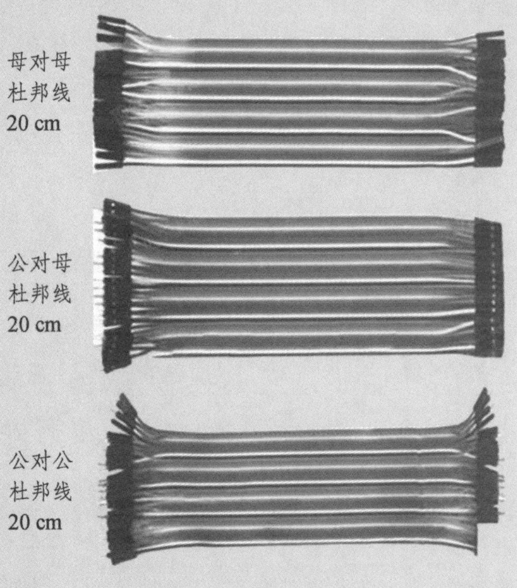

图 2-43　杜邦线

【工作拓展】

完成图 2-44 所示炫彩灯装置的设计与制作，并使用 Arduino Uno 开发板编程实现对炫彩灯灯色变化的控制。

图 2-44　任务 2-8 工作拓展

【考核评价】

1. 任务考核

表 2-24　任务 2-8 考核表

考核内容		考核评分		
项目	内　容	配分	得分	批注
工作准备（30%）	能够正确理解工作任务 2-8 内容、范围及工作指令	10		
	能够查阅和理解技术手册，确认 Arduino UNO 开发板技术标准及要求	5		
	使用个人防护用品或衣着适当，能正确使用防护用品	5		
	准备工作场地及器材，能够识别工作场所的安全隐患	5		
	确认设备及工具量具，检查其是否安全及正常工作	5		
实施程序（50%）	正确辨识工作任务所需的 Arduino UNO 开发板	10		
	正确检查 Arduino UNO 开发板有无损坏或异常	10		
	正确选择 USB 数据线	10		
	正确选用工具进行规范操作，完成装置安装、调试和维护	10		
	安全无事故并在规定时间内完成任务	10		
完工清理（20%）	收集和储存可以再利用的原材料、余料	5		
	遵循维护工作程序清洁垃圾、清洁和整理工作区域	5		
	对工具、设备及开发板进行清洁	5		
	按照工作程序，填写完成作业单	5		
考核评语	考核人员：　　　　日期：　　年　月　日	考核成绩		

2．任务评价

表 2-25　任务 2-8 评价表

评价项目	评价内容	评价成绩	备注
工作准备	任务领会、资讯查询、器材准备	□A □B □C □D □E	
知识储备	系统认知、原理分析、技术参数	□A □B □C □D □E	
计划决策	任务分析、任务流程、实施方案	□A □B □C □D □E	
任务实施	专业能力、沟通能力、实施结果	□A □B □C □D □E	
职业道德	纪律素养、安全卫生、器材维护	□A □B □C □D □E	
其他评价			
导师签字：	日期：	年　月　日	

注：在选项“□”里打“√”，其中 A：90～100；B：80～89；C：70～79；D：60～69；E：不合格。

项目小结

本项目介绍了使用 Arduino UNO 开发板控制 LED 显示的常用方式，包括交通灯、广告灯、小夜灯、抢答器、呼吸灯、感光灯、炫彩灯等的设计与制作。基于此，还着重介绍了 Arduino Uno 开发板控制 LED 的硬件电路设计，以及按键、电位计、光敏电阻等电子元件的使用。

项目要点：熟练掌握 LED 灯、交通灯、广告灯、小夜灯、抢答器、呼吸灯、感光灯、炫彩灯的电路设计与程序设计。熟悉面包板、跳线、按键、电位器、光敏电阻等元器件的使用，熟练掌握 Arduino 项目的创建、程序编写、运行调试。

项目评价

在本项目教学和实施过程中，教师和学生可以根据以下项目考核评价表对各项任务进行考核评价。考核主要针对学生在技术知识、任务实施（技能情况）、拓展任务（实战训练）的掌握程度和完成效果进行评价。

表 2-26　项目 2 评价表

工作任务	评价内容									
	技术知识		任务实施		拓展任务		完成效果		总体评价	
	个人评价	教师评价	个人评价	教师评价	个人评价	教师评价	个人评价	教师评价	个人评价	教师评价
任务 2-1										
任务 2-2										
任务 2-3										
任务 2-4										
任务 2-5										
任务 2-6										
任务 2-7										
任务 2-8										

续表

存在问题与解决办法（应对策略）	
学习心得与体会分享	

实训与讨论

一、实训题

1. 使用 Arduino UNO 开发板和 LED 灯设计制作魔术光杯。
2. 使用 Arduino UNO 开发板作为控制器设计制作智能家居灯控系统。

二、讨论题

1. 举几个自己遇到的 LED 应用实例，并说明它们的用途。
2. 如果使用 Arduino UNO 开发板，如何设计并实现这些 LED 应用实例?

项目 3 嵌入式系统常用元件原理与使用

项目 3 PPT

知识目标

- 认识蜂鸣器、倾斜开关、继电器、步进电机、舵机、PS2 摇杆、4×4 矩阵按键、74HC595 等常用元件。
- 了解蜂鸣器等常用元件的工作原理。
- 掌握蜂鸣器等常用元件的应用方法和使用技巧。

技能目标

- 懂蜂鸣器等常用元件的使用。
- 会使用 Arduino UNO 开发板编程实现对蜂鸣器等常用元件的控制。
- 能完成蜂鸣器等常用元件的应用装置设计与制作。

工作任务

- 任务 3-1　嵌入式警报系统设计
- 任务 3-2　嵌入式防倾装置设计
- 任务 3-3　嵌入式继电器装置设计
- 任务 3-4　嵌入式步进电机使用
- 任务 3-5　嵌入式舵机使用
- 任务 3-6　嵌入式摇杆装置设计
- 任务 3-7　嵌入式矩阵键盘使用
- 任务 3-8　74HC595 芯片使用

任务 3-1　嵌入式警报系统设计

项目 3 操作视频

【任务要求】

1. 任务目标

使用 Arduino UNO 开发板编程控制蜂鸣器鸣响。

2. 任务描述

使用 Arduino 可以完成许多控制，最常见也最常用的是灯光和声音的控制。前面项目 2 主要都是实现对 LED 灯光的控制。本次任务则开始使用 Arduino UNO 开发板实现对声音的控制。在 Arduino 嵌入式系统应用开发中，常用的发声电子元件是蜂鸣器，它常用于嵌入式报警系统和音乐播放装置的发声。

蜂鸣器是一种会发出声音的电声元件，是嵌入式电子电路装置中常用的电子元件，广泛应用于报警器、家用电器、定时器等电子产品中用作发声电子元件。蜂鸣器可以分为压电式蜂鸣器和电磁式蜂鸣器两种类型。本次任务将通过 Arduino UNO 开发板编程实现对蜂鸣器的鸣响发声控制。

3. 任务分析

蜂鸣器的使用比较简单，只需要将蜂鸣器的 2 个引脚连接到 Arduino UNO 开发板的数字引脚和 GND 引脚即可。使用 Arduino UNO 开发板实现对蜂鸣器发声控制的电路原理如图 3-1 所示。

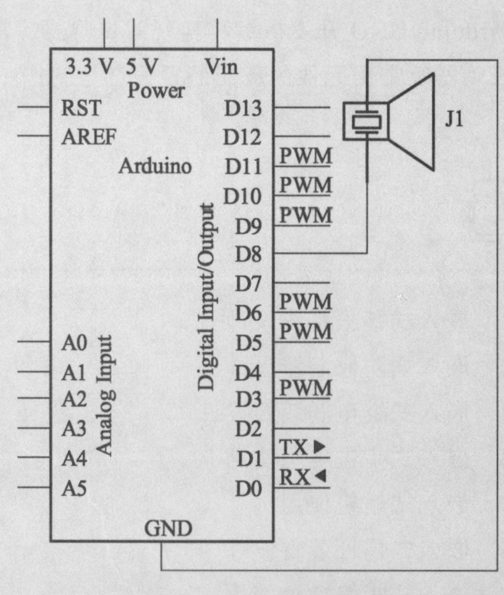

图 3-1　任务 3-1 电路原理图

【工作准备】

1．材料准备

本次任务所需电子元件材料如表 3-1 所示。

表 3-1　任务 3-1 电子元件材料清单

序号	元件名称	规格	数量
1	开发板	Arduino UNO	1 个
2	数据线	USB	1 条
3	面包板	MB-102	1 个
4	蜂鸣器	有源或无源	1 个
5	跳线	针脚	2 条

2．注意事项

（1）作业前请检查是否穿戴好防护装备（护目镜、防静电手套等）。

（2）检查电源及设备材料是否齐备、安全可靠。

（3）检查开发板、蜂鸣器模块有无损坏或异常。

（4）作业时要注意摆放好设备材料，避免伤人或造成设备材料损伤。

【任务实施】

第 1 步：使用 Fritzing 软件设计和绘制电路设计图，如图 3-2 所示。根据电路设计图，完成 Arduino UNO 开发板及其他电子元件的硬件连接。

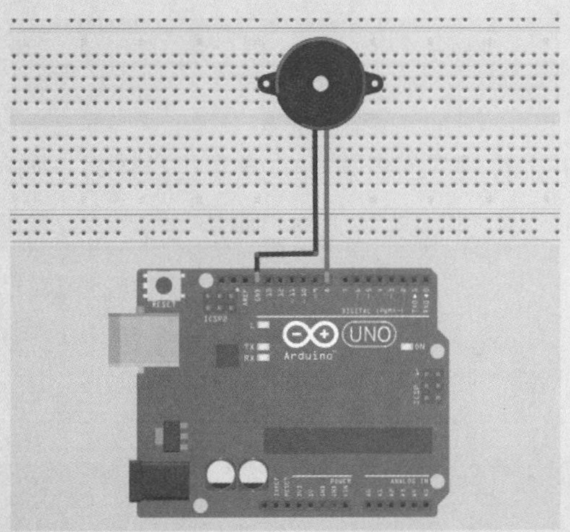

图 3-2　任务 3-1 电路设计图

第 2 步：创建 Arduino 程序“demo_3_1”。程序代码如下：

```
int buzzer=8; //设置控制蜂鸣器的数字 I/O 端口
void setup()
{
```

```
  pinMode(buzzer,OUTPUT); //设置连接蜂鸣器数字 I/O 端口模式, OUTPUT
                                  为输出
}
void loop()
{
  unsigned char i,j; //定义变量
  while(1)
 {
    for(i=0;i<80;i++) //输出一个频率的声音
    {
      digitalWrite(buzzer,HIGH); //发声音
      delay(1); //延时 1ms
      digitalWrite(buzzer,LOW); //不发声音
      delay(1); //延时 ms
    }
    for(i=0;i<100;i++) //输出另一个频率的声音
    {
      digitalWrite(buzzer,HIGH); //发声音
      delay(2); //延时 2ms
      digitalWrite(buzzer,LOW); //不发声音
      delay(2); //延时 2ms
    }
  }
}
```

第 3 步：编译并上传程序至开发板，查看运行效果，如图 3-3 所示。

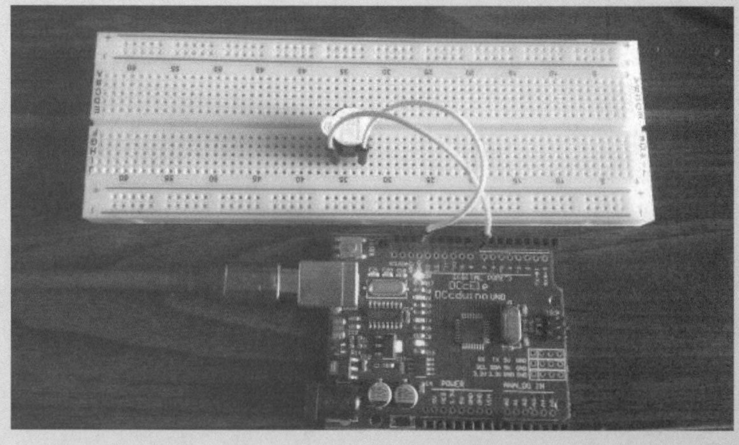

图 3-3　任务 3-1 运行效果

【技术知识】

1．蜂鸣器

蜂鸣器是一种一体化结构的电子讯响器，采用直流电压供电，如图 3-4 所示。广泛应用于计算机、打印机、复印机、报警器、电子玩具、汽车电子设备、电话机、定时器等电子产品中作发声器件。蜂鸣器由振动装置和谐振装置组成，根据发声的原理，可分为无源蜂鸣器与有源蜂鸣器。

图 3-4　蜂鸣器

2．无源蜂鸣器

无源蜂鸣器利用电磁感应现象，为音圈接入交变电流后形成的电磁铁与永磁铁相吸或相斥而推动振膜发声，接入直流电只能持续推动振膜而无法产生声音，只能在接通或断开时产生声音。无源蜂鸣器的工作原理与扬声器相同。图 3-5 为无源蜂鸣器模块。

图 3-5　无源蜂鸣器

3．有源蜂鸣器

有源蜂鸣器工作的理想信号是直流电，通常标示为 VDC、VDD 等。因为蜂鸣器内部有一简单的振荡电路，能将恒定的直流电转化成一定频率的脉冲信号，从而实现磁场交变，带动铝片振动发音。有源蜂鸣器和无源蜂鸣器的根本区别是产品对输入信号的要求不一样。无源蜂鸣器没有内部驱动电路，有些公司和工厂称为讯响器，国标中称为声响器。无源蜂鸣器工作的理想信号方波。如果给予直流信号，无源蜂鸣器是不响应的。图 3-6 为有源峰鸣器模块。

图 3-6　有源蜂鸣器

【工作拓展】

使用 Arduino UNO 开发板制作一个光控声音的控制电路，实现由光的强度来控制蜂鸣器的发声频率，其电路设计如图 3-7 所示。

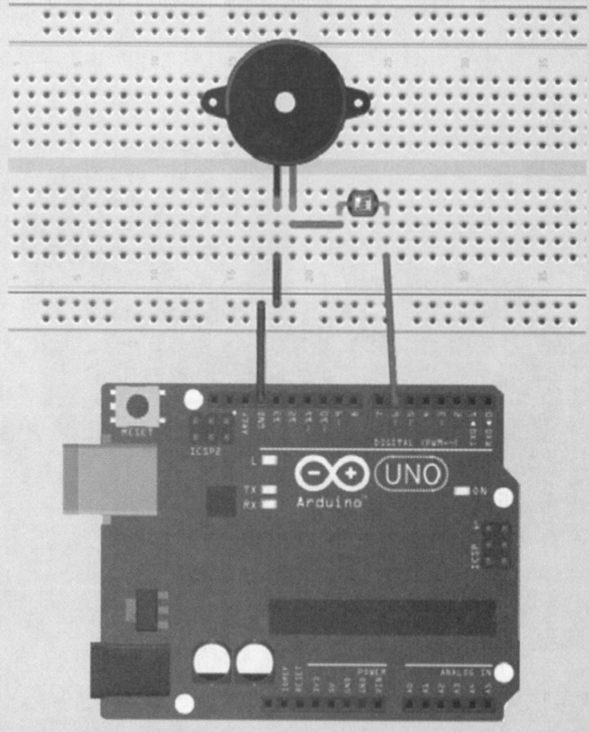

图 3-7　任务 3-1 工作拓展

【考核评价】

1. 任务考核

表 3-2 任务 3-1 考核表

考核内容		考核评分		
项目	内 容	配分	得分	批注
工作准备（30%）	能够正确理解工作任务 3-1 内容、范围及工作指令	10		
	能够查阅和理解技术手册，确认 Arduino UNO 开发板技术标准及要求	5		
	使用个人防护用品或衣着适当，能正确使用防护用品	5		
	准备工作场地及器材，能够识别工作场所的安全隐患	5		
	确认设备及工具量具，检查其是否安全及正常工作	5		
实施程序（50%）	正确辨识工作任务所需的 Arduino UNO 开发板	10		
	正确检查 Arduino UNO 开发板有无损坏或异常	10		
	正确选择 USB 数据线	10		
	正确选用工具进行规范操作，完成装置安装、调试和维护	10		
	安全无事故并在规定时间内完成任务	10		
完工清理（20%）	收集和储存可以再利用的原材料、余料	5		
	遵循维护工作程序清洁垃圾、清洁和整理工作区域	5		
	对工具、设备及开发板进行清洁	5		
	按照工作程序，填写完成作业单	5		
考核评语	考核人员： 日期： 年 月 日	考核成绩		

2．任务评价

表 3-3　任务 3-1 评价表

评价项目	评价内容	评价成绩	备注
工作准备	任务领会、资讯查询、器材准备	□A □B □C □D □E	
知识储备	系统认知、原理分析、技术参数	□A □B □C □D □E	
计划决策	任务分析、任务流程、实施方案	□A □B □C □D □E	
任务实施	专业能力、沟通能力、实施结果	□A □B □C □D □E	
职业道德	纪律素养、安全卫生、器材维护	□A □B □C □D □E	
其他评价			
导师签字：	日期：		年　月　日

注：在选项“□”里打“√”，其中 A：90～100；B：80～89；C：70～79；D：60～69；E：不合格。

任务 3-2　嵌入式防倾装置设计

项目 3　操作视频

【任务要求】

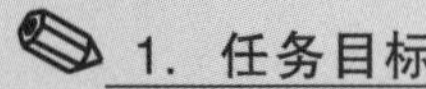

1. 任务目标

使用 Arduino UNO 开发板编程制作一个由倾斜滚珠式开关控制的防倾斜装置。

2. 任务描述

防倾装置是一种利用电子平衡原理的电子装置。它主要用于防止嵌入式装置在使用过程中发生倾覆现象。一旦装置在工作过程中发生倾斜，装置中的倾斜滚珠式开关就会向控制器发出信息，并引发 LED 指示灯和蜂鸣器发出灯光提示和警报声。

本次任务使用 Arduino UNO 开发板、倾斜开关和 LED 灯设计与制作一个嵌入式防倾斜装置。当倾斜开关监测到嵌入式装置发生倾覆时，通过 Arduino UNO 开发板控制 LED 指示灯发出灯光示警。

3. 任务分析

本次任务使用倾斜开关通过 Arduino UNO 开发板实现对 LED 指示灯的照明控制。这里使用的倾斜开关是一种滚珠式开关，通过珠子滚动接触导针的原理来控制电路的接通或断开。本次任务电路原理如图 3-8 所示。

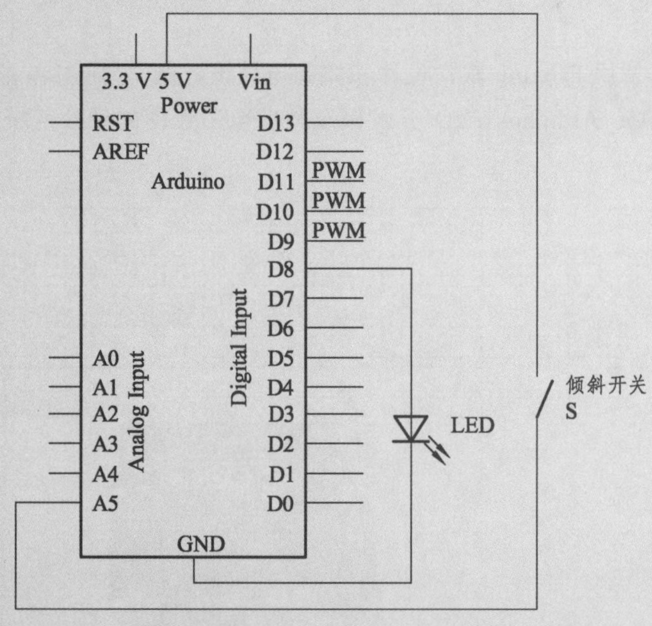

图 3-8　任务 3-2 电路原理图

【工作准备】

1．材料准备

本次任务所需电子元件材料如表 3-4 所示。

表 3-4　任务 3-2 电子元件材料清单

序号	元件名称	规格	数量
1	开发板	Arduino UNO	1 个
2	数据线	USB	1 条
3	面包板	MB-102	1 个
4	倾斜开关	滚珠	1 个
5	LED	红色	1 个
6	色环电阻	220 Ω	1 个
7	跳线	针脚	若干

2．注意事项

（1）作业前请检查是否穿戴好防护装备（护目镜、防静电手套等）。

（2）检查电源及设备材料是否齐备、安全可靠。

（3）检查开发板、倾斜开关有无损坏或异常。

（4）作业时要注意摆放好设备材料，避免伤人或造成设备材料损伤。

【任务实施】

第 1 步：使用 Fritzing 软件设计和绘制电路设计图，如图 3-9 所示。根据电路设计图，完成 Arduino UNO 开发板及其他电子元件的硬件连接，如图 3-10 所示。

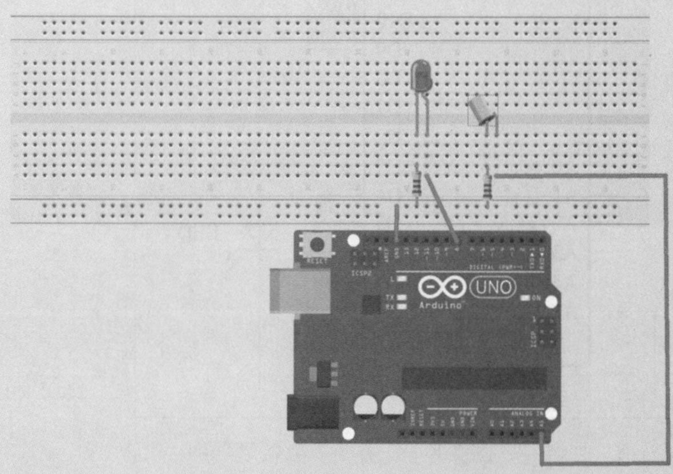

图 3-9　任务 3-2 电路设计图

图 3-10　任务 3-2 硬件连接

第 2 步：创建 Arduino 程序“demo_3_2”。程序代码如下：

```
void setup()
{
  pinMode(8,OUTPUT); //设置数字 8 引脚为输出模式
}
void loop()
{
int i; //定义发量 i
while(1)
{
  i=analogRead(5); //读取模拟 5 口电压值
  if(i>512) //如果大于 512(2.5V)
  {
    digitalWrite(8,LOW); //点亮 LED
  }
  else
  {
    digitalWrite(8,HIGH);//熄灭 LED
  }
 }
}
```

第 3 步：编译并上传程序至开发板，查看运行效果，如图 3-11 所示。

倾斜前

倾斜后

图 3-11　任务 3-2 运行效果

【技术知识】

1．倾斜开关

倾斜开关，也被称为滚珠开关、碰珠开关、摇珠开关、钢珠开关、倒顺开关、角度传感器，如图 3-12 所示。它主要是利用滚珠在开关内随不同倾斜角度的发化，达到触发电路的目的。目前滚珠开关在市场上使用的常见型号有 SW-200、SW-300、SW-520 等。

图 3-12　倾斜开关

本次任务所使用的倾斜开关 SW-520 是内部带有一个金属滚珠的滚珠倾斜开关。其中倾斜开关的一端为金色导针，另一端为银色导针。金色一端为“ON”导通触发端，银色一端为“OFF”开路端，当因为外力摇晃而使倾斜开关里面的小珠跑到黄色的那一端时，则导通，否则断开。

2．while 循环

while 循环是程序结构中的一种循环结构。其语法如下：

```
while(表达式){
  语句;
}
```

它可以连续不断地循环执行大括号“{}”中的语句或语句组，直到圆括号“( )”中的表达式的值出现“false”为止。

一般地，可以在语句组中设置一个递增的变量，结合表达式来控制循环的次数。如：

```
while(i<10){
  语句;
  i++;
```

}

值得注意的是，当表达式设置为 1 时，相当于将表达式设置为 true，如本次任务中的 while(1){...}循环，则表示 while 循环将一直执行下去，永远不会中止。

【工作拓展】

使用 Arduino UNO 开发板制作一个通过倾斜开关控制蜂鸣器报警的控制电路装置，要求通过电路设计、硬件连接、编程调试，完成当倾斜变化时实现蜂鸣器报警的功能。如图 3-13 所示。

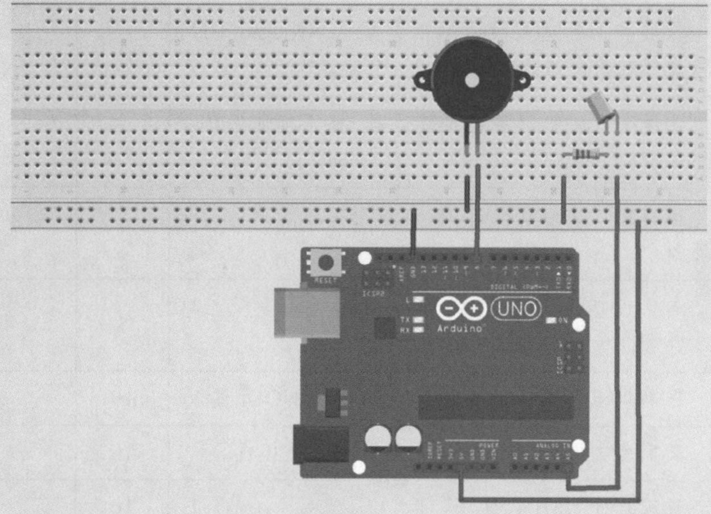

图 3-13　任务 3-2 工作拓展

【考核评价】

1．任务考核

表 3-5　任务 3-2 考核表

考核内容		考核评分		
项目	内　容	配分	得分	批注
工作准备（30%）	能够正确理解工作任务 3-2 内容、范围及工作指令	10		
	能够查阅和理解技术手册，确认 Arduino UNO 开发板技术标准及要求	5		
	使用个人防护用品或衣着适当，能正确使用防护用品	5		
	准备工作场地及器材，能够识别工作场所的安全隐患	5		
	确认设备及工具量具，检查其是否安全及正常工作	5		
实施程序（50%）	正确辨识工作任务所需的 Arduino UNO 开发板	10		
	正确检查 Arduino UNO 开发板有无损坏或异常	10		
	正确选择 USB 数据线	10		
	正确选用工具进行规范操作，完成装置安装、调试和维护	10		
	安全无事故并在规定时间内完成任务	10		
完工清理（20%）	收集和储存可以再利用的原材料、余料	5		
	遵循维护工作程序清洁垃圾、清洁和整理工作区域	5		
	对工具、设备及开发板进行清洁	5		
	按照工作程序，填写完成作业单	5		
考核评语	考核人员：　　　　日期：　　年　月　日	考核成绩		

2．任务评价

表 3-6　任务 3-2 评价表

评价项目	评价内容	评价成绩	备注
工作准备	任务领会、资讯查询、器材准备	□A □B □C □D □E	
知识储备	系统认知、原理分析、技术参数	□A □B □C □D □E	
计划决策	任务分析、任务流程、实施方案	□A □B □C □D □E	
任务实施	专业能力、沟通能力、实施结果	□A □B □C □D □E	
职业道德	纪律素养、安全卫生、器材维护	□A □B □C □D □E	
其他评价			
导师签字：		日期：	年　月　日

注：在选项“□”里打“√”，其中 A：90～100；B：80～89；C：70～79；D：60～69；E：不合格。

任务 3-3　嵌入式继电器装置设计

项目 3 操作视频

【任务要求】

1. 任务目标

使用 Arduino UNO 开发板编程实现对继电器的控制。

2. 任务描述

在生活中，我们常需要用弱电控制强电的情况，也就是常说的小电流控制大电流问题，像是用 Arduino 控制器控制风扇之类的大功率电器时我们就要用到继电器了。对于初学者，为了安全起见，本次任务我们就不动用大功率电器了，这里就以小见大还是采用 LED 灯来完成任务演示。

3. 任务分析

继电器是一种当输入量（如电、磁、声、光、热）达到一定值时，输出量将发生跳跃式变化的自动控制器件。本次任务我们将使用 Arduino UNO 开发板编程实现对继电器的控制。电路原理如图 3-14 所示。

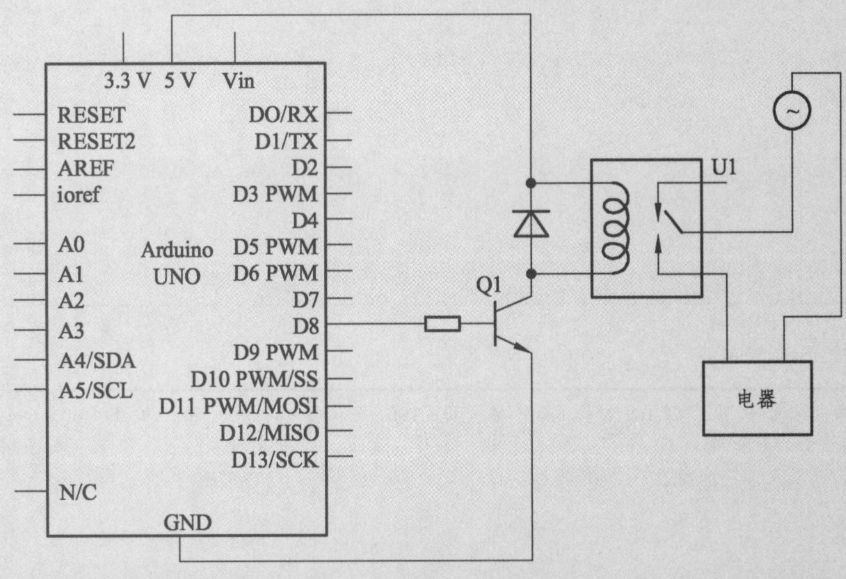

图 3-14　任务 3-3 电路原理图

【工作准备】

1．材料准备

本次任务所需电子元件材料如表 3-7 所示。

表 3-7　任务 3-3 电子元件材料清单

序号	元件名称	规格	数量
1	开发板	Arduino Uno	1 个
2	数据线	USB	1 条
3	面包板	MB-102	1 个
4	继电器	5V	1 个
5	跳线	针脚	若干

2．注意事项

（1）作业前请检查是否穿戴好防护装备（护目镜、防静电手套等）。

（2）检查电源及设备材料是否齐备、安全可靠。

（3）检查开发板、继电器有无损坏或异常。

（4）作业时要注意摆放好设备材料，避免伤人或造成设备材料损伤。

【任务实施】

第 1 步：使用 Fritzing 软件设计和绘制电路设计图，如图 3-15 所示。根据电路设计图，完成 Arduino UNO 开发板及其他电子元件的硬件连接。

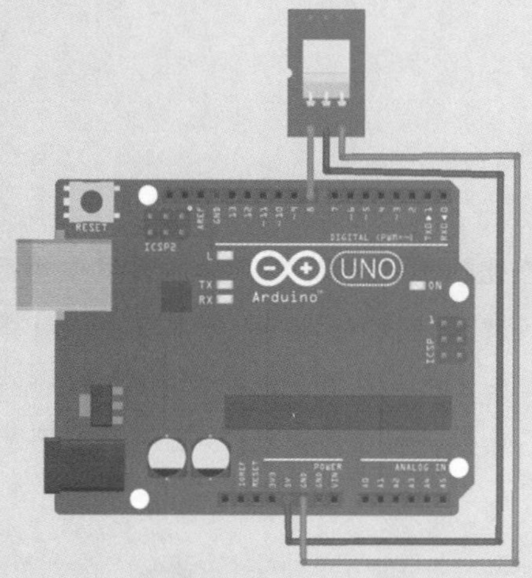

图 3-15　任务 3-3 电路设计

第 2 步：创建 Arduino 程序“demo_3_3”。程序代码如下：

```
int relayPin =8; //定义数字端口 8
void setup()
{
  pinMode(relayPin, OUTPUT); //定义 relayPin
                                    为输出端口
}
```

```
void loop()
{
digitalWrite(relayPin, HIGH); //驱动继电器闭合导通
delay(1000); //延时 1 秒钟
digitalWrite(relayPin, LOW); //驱动继电器断开
delay(1000); //延时 1 秒钟
}
```

第 3 步：编译并上传程序至开发板，查看运行效果，如图 3-16 所示。

图 3-16　任务 3-3 运行效果

【技术知识】

1．继电器

继电器（英文名称：relay）是一种电控制器件，是当输入量（激励量）的变化达到规定要求时，在电气输出电路中使被控量发生预定的阶跃变化的一种电器，如图 3-17 所示。它具有控制系统（又称输入回路）和被控制系统（又称输出回路）之间的互动关系。通常应用于自动化的控制电路中，它实际上是用小电流去控制大电流运作的一种“自动开关”。故在电路中起着自动调节、安全保护、转换电路等作用。

图 3-17　继电器模块

2．继电器工作原理

继电器（电磁式）一般由铁芯、线圈、衔铁、触点簧片等组成的，如图 3-18 所示。只要在线圈两端加上一定的电压，线圈中就会流过一定的电流，从而产生电磁效应，衔铁就会在电磁力吸引的作用下克服返回弹簧的拉力吸向铁芯，从而带动衔铁的动触点与静触点（常开触点）吸合。当线圈断电后，电磁的吸力也随之消失，衔铁就会在弹簧的反作用力返回原来的位置，使动触点与原来的静触点（常闭触点）释放。这样吸合、释放，从而达到了在电路中的导通、切断的目的。对于继电器的“常开、常闭”触点，可以这样来区分：继电器线圈未通电时处于断开状态的静触点，称为“常开触点”；处于接通状态的静触点称为“常闭触点”。

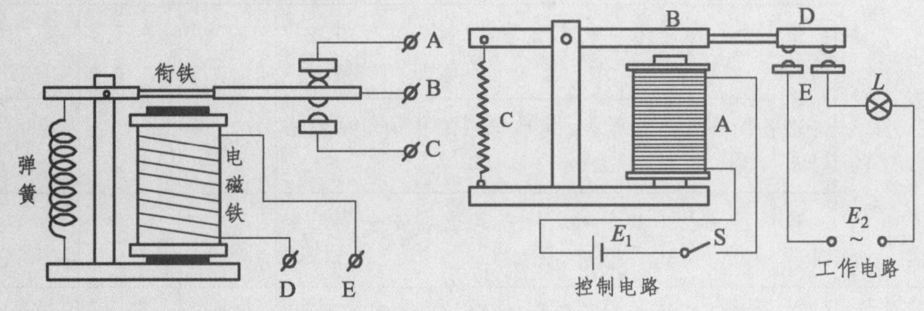

图 3-18 继电器原理

【工作拓展】

使用 Arduino UNO 开发板和继电器实现微型电风扇的设计与制作，如图 3-19 所示。

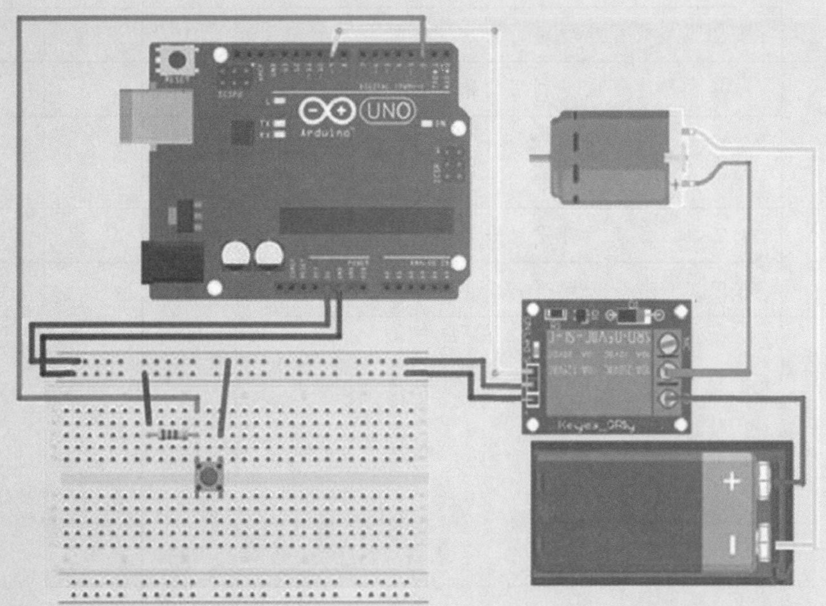

图 3-19 任务 3-3 工作拓展

【考核评价】

1. 任务考核

表 3-8　任务 3-3 考核表

考核内容		考核评分		
项目	内　容	配分	得分	批注
工作准备（30%）	能够正确理解工作任务 3-3 内容、范围及工作指令	10		
	能够查阅和理解技术手册，确认 Arduino UNO 开发板技术标准及要求	5		
	使用个人防护用品或衣着适当，能正确使用防护用品	5		
	准备工作场地及器材，能够识别工作场所的安全隐患	5		
	确认设备及工具量具，检查其是否安全及正常工作	5		
实施程序（50%）	正确辨识工作任务所需的 Arduino UNO 开发板	10		
	正确检查 Arduino UNO 开发板有无损坏或异常	10		
	正确选择 USB 数据线	10		
	正确选用工具进行规范操作，完成装置安装、调试和维护	10		
	安全无事故并在规定时间内完成任务	10		
完工清理（20%）	收集和储存可以再利用的原材料、余料	5		
	遵循维护工作程序清洁垃圾、清洁和整理工作区域	5		
	对工具、设备及开发板进行清洁	5		
	按照工作程序，填写完成作业单	5		
考核评语	考核人员：　　　日期：　　年　月　日	考核成绩		

2．任务评价

表 3-9 任务 3-3 评价表

评价项目	评价内容	评价成绩	备注
工作准备	任务领会、资讯查询、器材准备	□A □B □C □D □E	
知识储备	系统认知、原理分析、技术参数	□A □B □C □D □E	
计划决策	任务分析、任务流程、实施方案	□A □B □C □D □E	
任务实施	专业能力、沟通能力、实施结果	□A □B □C □D □E	
职业道德	纪律素养、安全卫生、器材维护	□A □B □C □D □E	
其他评价			
导师签字：		日期：	年 月 日

注：在选项“□”里打“√”，其中 A：90～100；B：80～89；C：70～79；D：60～69；E：不合格。

任务 3-4　嵌入式步进电机使用

项目 3 操作视频

【任务要求】

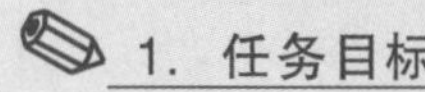

1. 任务目标

使用 Arduino UNO 开发板编程控制步进电机的运行。

2. 任务描述

步进电机是一种将电脉冲转化为角位移的执行机构。当步进驱动器接收到一个脉冲信号，它就驱动步进电机按设定的方向转动一个固定的角度（及步进角）。可以通过控制脉冲个数来控制角位移量，从而达到准确定位的目的；同时也可以通过控制脉冲频率来控制电机转动的速度和加速度，从而达到调速的目的。

步进电机是一种常用的机电小设备，也是嵌入式系统中常用的电子元件。本次任务将讲授使用 Arduino UNO 开发板编程实现对步进电机的运行控制。

3. 任务分析

本次任务，我们使用 UNL2003 驱动板来连接并驱动步进电机。通过 Arduino UNO 开发板的 4 个数字端口连接到 UNL2003 驱动板的 4 路连接端口（控制端口）；步进电机则直接连接到 UNL2003 驱动板的 5 路连接端口（步进电机接口）。电路原理如图 3-20 所示。

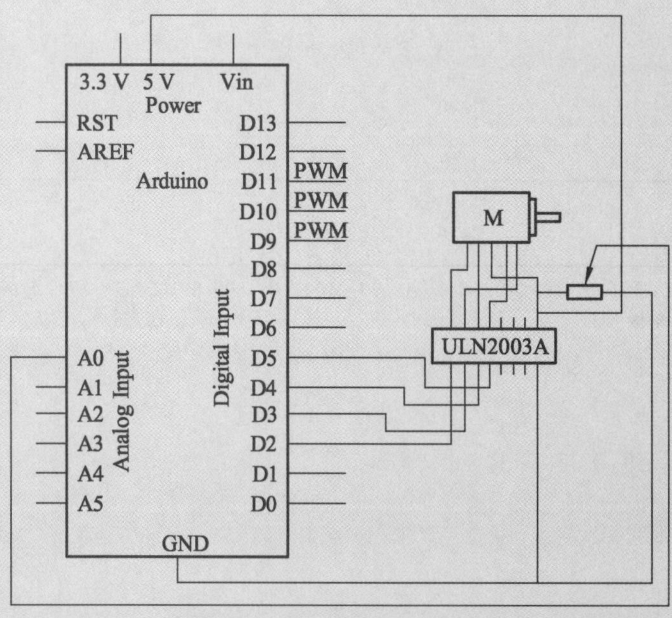

图 3-20　任务 3-4 电路原理图

【工作准备】

1. 材料准备

本次任务所需电子元件材料如表 3-10 所示。

表 3-10　任务 3-4 电子元件材料清单

序号	元件名称	规格	数量
1	开发板	Arduino UNO	1 个
2	数据线	USB	1 条
3	面包板	MB-102	1 个
4	步进电机		1 个
5	驱动板	ULN2003A	1 个
6	跳线	针脚	若干

2. 注意事项

（1）作业前请检查是否穿戴好防护装备（护目镜、防静电手套等）。

（2）检查电源及设备材料是否齐备、安全可靠。

（3）检查开发板、步进电机、驱动板有无损坏或异常。

（4）作业时要注意摆放好设备材料，避免伤人或造成设备材料损伤。

【任务实施】

第 1 步：使用 Fritzing 软件设计和绘制电路设计图，如图 3-21 所示。根据电路设计图，完成 Arduino UNO 开发板及其他电子元件的硬件连接。

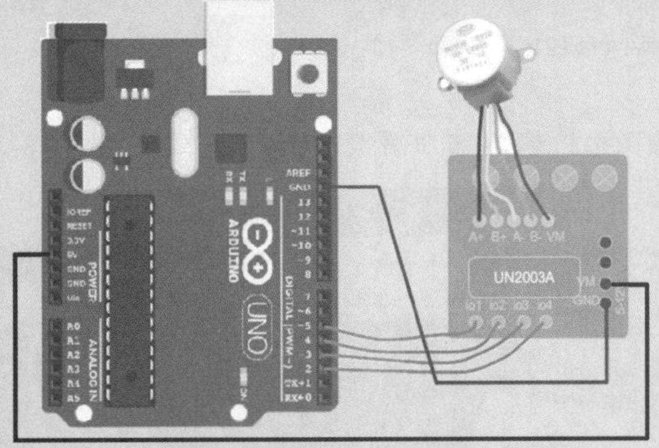

图 3-21　任务 3-4 电路设计图

第 2 步：创建 Arduino 程序“demo_3_4”。程序代码如下：

```
void setup() {
  for (int i = 2; i < 6; i++) {
    pinMode(i, OUTPUT);
```

```
    }
}
void clockwise(int num){
    for (int count = 0; count < num; count++) {
        for (int i = 2; i < 6; i++) {
            digitalWrite(i, HIGH);
            delay(3);
            digitalWrite(i, LOW);
        }
    }
}
void anticlockwise(int num){
    for (int count = 0; count < num; count++) {
        for (int i = 5; i > 1; i--) {
            digitalWrite(i, HIGH);
            delay(3);
            digitalWrite(i, LOW);
        }
    }
}
void loop() {
    clockwise(512);
    delay(10);
    anticlockwise(512);
}
```

第 3 步：编译并上传程序至开发板，查看运行效果，如图 3-22 所示。

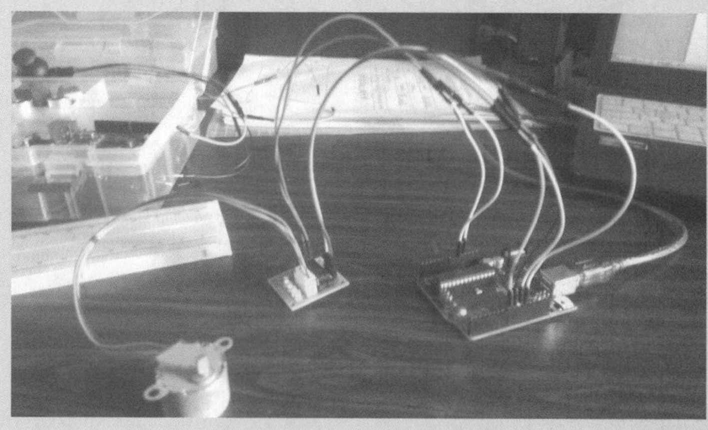

图 3-22　任务 3-4 运行效果

【技术知识】

1．步进电机

步进电机是将电脉冲信号转变为角位移或线位移的开环控制电机，是现代数字程序控制系统中的主要执行元件，应用极为广泛，如图 3-23 所示。在非超载的情况下，电机的转速、停止的位置只取决于脉冲信号的频率和脉冲数，而不受负载变化的影响，当步进驱动器接收到一个脉冲信号，它就驱动步进电机按设定的方向转动一个固定的角度，称为“步距角”，它的旋转是以固定的角度一步一步运行的。可以通过控制脉冲个数来控制角位移量，从而达到准确定位的目的；同时可以通过控制脉冲频率来控制电机转动的速度和加速度，从而达到调速的目的。

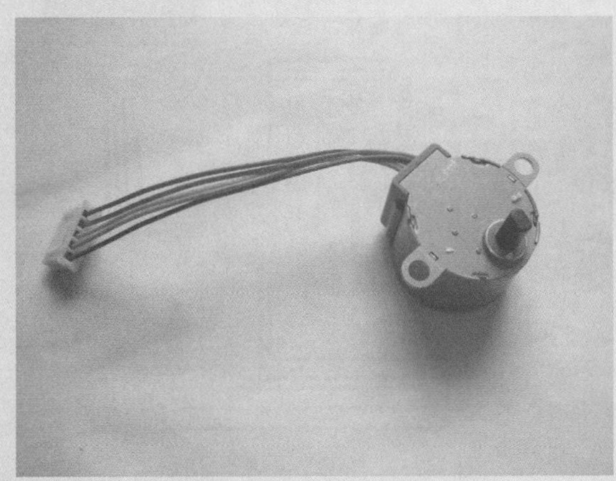

图 3-23　步进电机

2．步进电机驱动板 ULN2003

使用 Arduino UNO 开发板实现对步进电机的控制，需要通过步进电机驱动板进行连接。一般地，步进电机驱动板可以使用 ULN2003，如图 3-24 所示。

图 3-24　ULN2003 驱动板

本次任务在使用 Arduino UNO 开发板与步进电机的硬件连接中，ULN2003 驱动板上 IN1、IN2、IN3、IN4 分别连接 UNO 开发板的数字引脚 2，3，4，5；

驱动板电源输入+、－引脚分别连接 UNO 开发板的 5 V、GND。如果使用电位器，则电位器中间引脚连接 UNO 开发板模拟引脚 A0，电位器两端引脚分别连接 UNO 开发板的 5 V 和 GND。

【工作拓展】

使用 Arduino UNO 开发板和电位器实现对步进电机的控制，电路设计如图 3-25 所示。

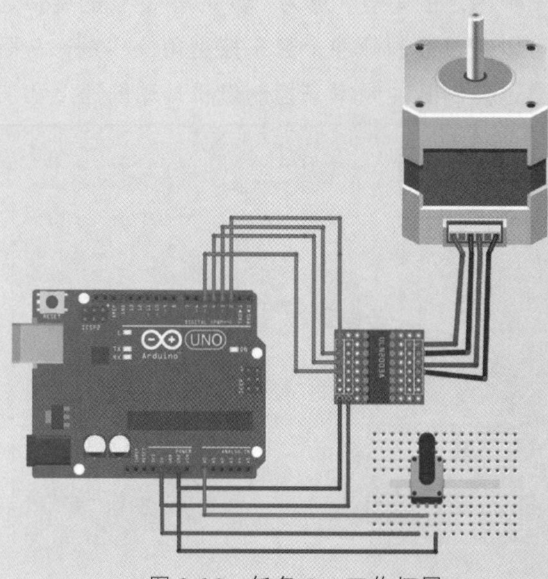

图 3-25　任务 3-4 工作拓展

【考核评价】

1．任务考核

表 3-11　任务 3-4 考核表

考核内容		考核评分		
项目	内　容	配分	得分	批注
工作准备（30%）	能够正确理解工作任务 3-4 内容、范围及工作指令	10		
	能够查阅和理解技术手册，确认 Arduino UNO 开发板技术标准及要求	5		
	使用个人防护用品或衣着适当，能正确使用防护用品	5		
	准备工作场地及器材，能够识别工作场所的安全隐患	5		
	确认设备及工具量具，检查其是否安全及正常工作	5		
实施程序（50%）	正确辨识工作任务所需的 Arduino UNO 开发板	10		
	正确检查 Arduino UNO 开发板有无损坏或异常	10		
	正确选择 USB 数据线	10		
	正确选用工具进行规范操作，完成装置安装、调试和维护	10		
	安全无事故并在规定时间内完成任务	10		
完工清理（20%）	收集和储存可以再利用的原材料、余料	5		
	遵循维护工作程序清洁垃圾、清洁和整理工作区域	5		
	对工具、设备及开发板进行清洁	5		
	按照工作程序，填写完成作业单	5		
考核评语	考核人员：　　　　日期：　　年　月　日	考核成绩		

2．任务评价

表 3-12　任务 3-4 评价表

评价项目	评价内容	评价成绩	备注
工作准备	任务领会、资讯查询、器材准备	□A □B □C □D □E	
知识储备	系统认知、原理分析、技术参数	□A □B □C □D □E	
计划决策	任务分析、任务流程、实施方案	□A □B □C □D □E	
任务实施	专业能力、沟通能力、实施结果	□A □B □C □D □E	
职业道德	纪律素养、安全卫生、器材维护	□A □B □C □D □E	
其他评价			
导师签字：	日期：	年　月　日	

注：在选项“□”里打“√”，其中 A：90～100；B：80～89；C：70～79；D：60～69；E：不合格。

任务 3-5 嵌入式舵机使用

项目 3 操作视频

【任务要求】

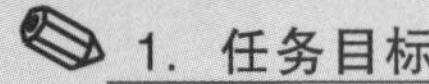

1. 任务目标

使用 Arduino UNO 开发板编程控制舵机的运行。

2. 任务描述

舵机是电机的一种，是一种位置伺服的驱动电机，它可以设定转到的位置，是 Arduino 机器人中的常用元件。舵机主要是由外壳、电路板、无核心马达、齿轮与位置检测器所构成。本次任务我们将通过 Arduino UNO 开发板编程控制舵机的运转来了解其工作情况。

3. 任务分析

舵机工作原理是由控制器或开发板发出信号给舵机，其内部有一个基准电路，产生周期为 20 ms，宽度为 1.5 ms 的基准信号，将获得的直流偏置电压与电位器的电压比较，获得电压差输出。舵机及其引线结构如图 3-26 所示。

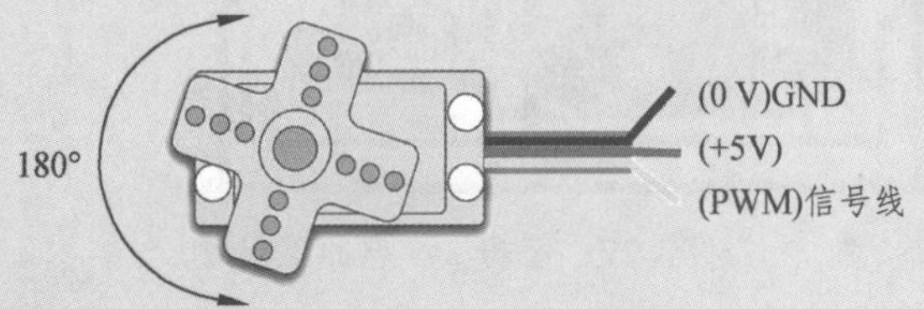

图 3-26 任务 3-5 电路原理图

【工作准备】

1．材料准备

本次任务所需设备及材料如表 3-13 所示。

表 3-13 任务 3-5 设备及材料清单

序号	元件名称	规格	数量
1	开发板	Arduino UNO	1 个
2	数据线	USB	1 条
3	面包板	MB-102	1 个
4	舵机	SG90	1 个
5	跳线	针脚	若干

2．注意事项

（1）作业前请检查是否穿戴好防护装备（护目镜、防静电手套等）。

（2）检查电源及设备材料是否齐备、安全可靠。

（3）检查开发板、舵机模块有无损坏或异常。

（4）作业时要注意摆放好设备材料，避免伤人或造成设备材料损伤。

【任务实施】

第 1 步：使用 Fritzing 软件设计和绘制电路设计图，如图 3-27 所示。根据电路设计图，完成 Arduino UNO 开发板及其他电子元件的硬件连接。

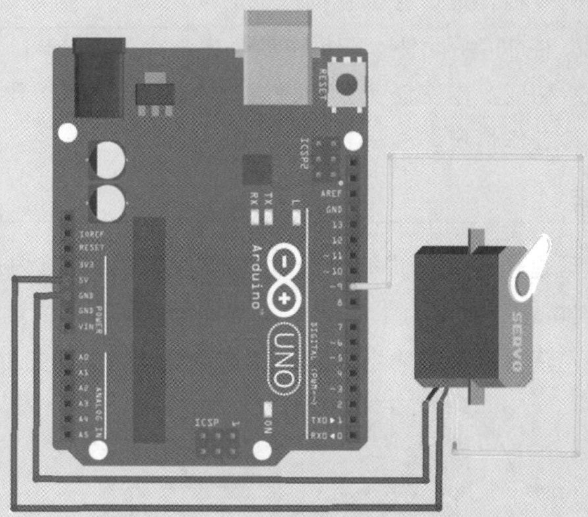

图 3-27　任务 3-5 电路设计图

第 2 步：创建 Arduino 程序“demo_3_5”。程序代码如下：

```
#include <Servo.h>
Servo myservo;
unsigned char angle;
void setup(){
  myservo.attach(9);
}
void loop(){
  for(angle=0;angle<180;angle++){
    myservo.write(angle);
    delay(10);
  }
  for(angle=180;angle>0;angle--){
    myservo.write(angle);
    delay(10);
```

```
    }
}
```

第 3 步：编译并上传程序至开发板，查看运行效果，如图 3-28 所示。

图 3-28　任务 3-5 运行效果

【技术知识】

1．舵　机

舵机是电机的一种，又被称为伺服电机，如图 3-29 所示。它和步进电机有异曲同工之妙，步进电机是可以设定转过多少角度，而舵机是可以设定转到的位置，可以说是指哪打哪。在机器人上，舵机的应用非常广泛。

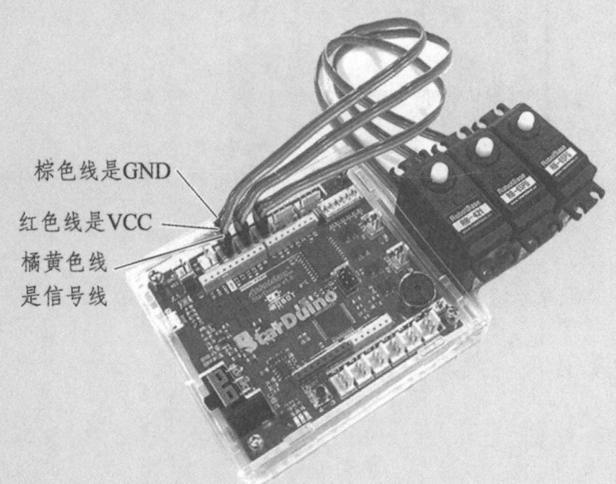

图 3-29　舵机

2．舵机 SG90 的连线方式

本次任务使用的舵机型号为 SG90，如图 3-30 所示。它有三根线，红色的为电源线（5 V），棕色的为 GND，橙色的为信号线。橙色线一般连到数字引脚 9 或 10。Arduino UNO 开发板通过橙色线来传输数据实现对舵机的控制。

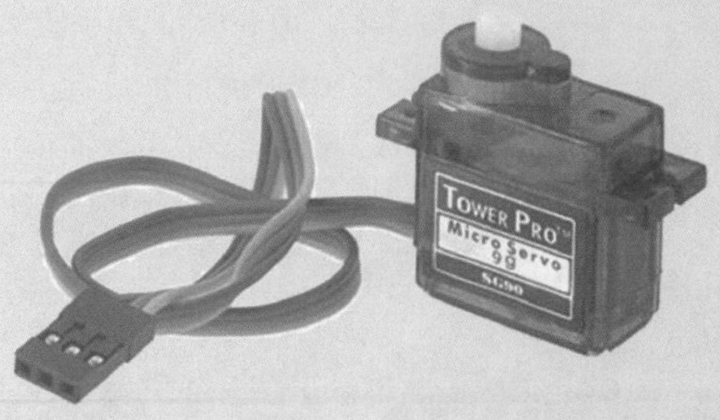

图 3-30　SG90 舵机

使用 Arduino UNO 开发板控制舵机有两种方法：第一种是通过 Arduino 的普通数字传感器接口产生占空比不同的方波，模拟产生 PWM 信号进行舵机定位。第二种是直接利用 Arduino IDE 自带的 Servo 函数进行舵机的控制。

【工作拓展】

使用 Arduino Uno 开发板实现对多个舵机的控制，如图 3-31 所示。

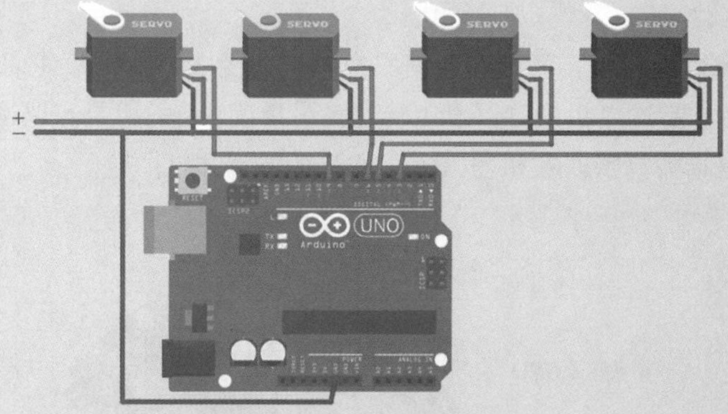

图 3-31　任务 3-5 工作拓展

【考核评价】

1. 任务考核

表 3-14 任务 3-5 考核表

考核内容		考核评分		
项目	内 容	配分	得分	批注
工作准备（30%）	能够正确理解工作任务 3-5 内容、范围及工作指令	10		
	能够查阅和理解技术手册，确认 Arduino UNO 开发板技术标准及要求	5		
	使用个人防护用品或衣着适当，能正确使用防护用品	5		
	准备工作场地及器材，能够识别工作场所的安全隐患	5		
	确认设备及工具量具，检查其是否安全及正常工作	5		
实施程序（50%）	正确辨识工作任务所需的 Arduino UNO 开发板	10		
	正确检查 Arduino UNO 开发板有无损坏或异常	10		
	正确选择 USB 数据线	10		
	正确选用工具进行规范操作，完成装置安装、调试和维护	10		
	安全无事故并在规定时间内完成任务	10		
完工清理（20%）	收集和储存可以再利用的原材料、余料	5		
	遵循维护工作程序清洁垃圾、清洁和整理工作区域	5		
	对工具、设备及开发板进行清洁	5		
	按照工作程序，填写完成作业单	5		
考核评语	考核人员： 日期： 年 月 日	考核成绩		

2．任务评价

表 3-15　任务 3-5 评价表

评价项目	评价内容	评价成绩	备注
工作准备	任务领会、资讯查询、器材准备	□A □B □C □D □E	
知识储备	系统认知、原理分析、技术参数	□A □B □C □D □E	
计划决策	任务分析、任务流程、实施方案	□A □B □C □D □E	
任务实施	专业能力、沟通能力、实施结果	□A □B □C □D □E	
职业道德	纪律素养、安全卫生、器材维护	□A □B □C □D □E	
其他评价			
导师签字：		日期：	年　月　日

注：在选项“□”里打“√”，其中 A：90～100；B：80～89；C：70～79；D：60～69；E：不合格。

任务 3-6　嵌入式摇杆装置设计

项目 3 操作视频

【任务要求】

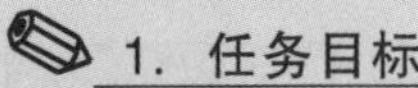

1. 任务目标

使用 Arduino UNO 开发板编程实现对 PS2 摇杆的控制。

2. 任务描述

在生活中，我们遥控的汽车、无人机、机器人等电子设备时，通常都会使用 PS2 摇杆。本次任务用 Arduino UNO 开发板编程实现对 PS2 遥杆操作的控制。

PS2 摇杆一般可以用来控制机器人、无人机等，其构造主要就是两个 10K 的电位器，还有一个按键开关，如图 3-32 所示。五个引脚分别为 VCC，X，Button（Z），Y，GND。

图 3-32　PS2 摇杆

3. 任务分析

PS2 摇杆的连接电路不难。这里我们将引脚 X（VERT）连的是模拟端口 A0，引脚 Y（HORZ）连的是模拟端口 A1，引脚 Button（SEL）连接到了数字端口。电路原理如图 3-6 所示。

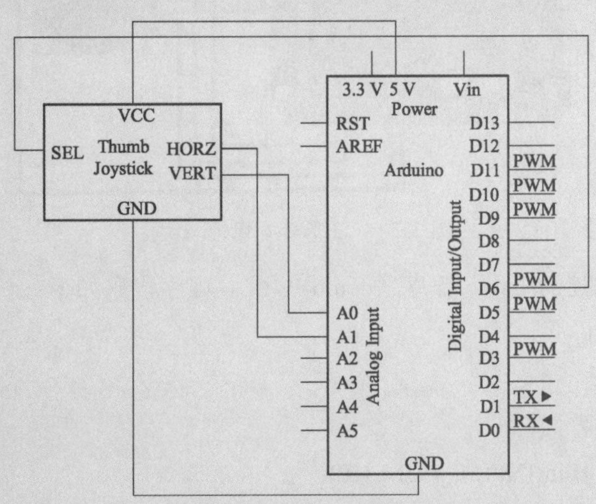

图 3-33　任务 3-6 电路原理图

【工作准备】

1．材料准备

本次任务所需设备及材料如表 3-16 所示。

表 3-16　任务 3-6 电子元件清单

序号	元件名称	规格	数量
1	开发板	Arduino Uno	1 个
2	数据线	USB	1 条
3	面包板	MB-201	1 个
4	PS2 摇杆	XY 双轴传感器模块	1 个
5	跳线	针脚	若干

2．注意事项

（1）作业前请检查是否穿戴好防护装备（护目镜、防静电手套等）。

（2）检查电源及设备材料是否齐备、安全可靠。

（3）检查开发板、PS2 摇杆有无损坏或异常。

（4）作业时要注意摆放好设备材料，避免伤人或造成设备材料损伤。

【任务实施】

第 1 步：使用 Fritzing 软件设计和绘制电路设计图，如图 3-34 所示。根据电路设计图，完成 Arduino Uno 开发板及其他电子元件的硬件连接。

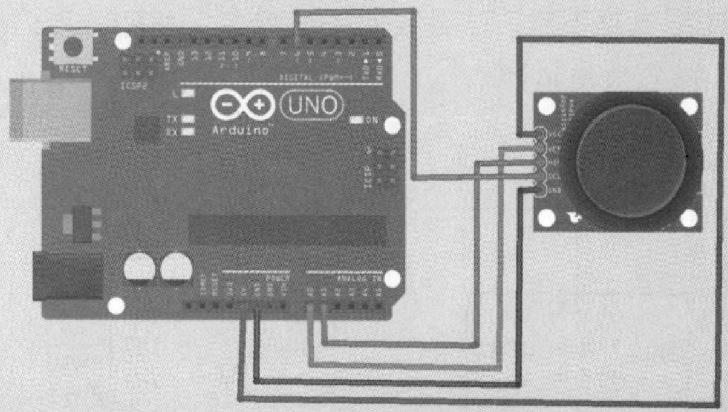

图 3-34　任务 3-6 电路设计

第 2 步：创建 Arduino 程序“demo_3_6”。程序代码如下：

```
int value = 0;
int zPin = 6;
void setup(){
  pinMode(zPin,INPUT_PULLUP);
  Serial.begin(9600);
}
```

```
void loop(){
  value = analogRead(A0);
  Serial.print("X:");
  Serial.print(value);
  value = analogRead(A1);
  Serial.print("|Y:");
  Serial.print(value);
  value = digitalRead(zPin);
  Serial.print("|Z:");
  Serial.println(value);
}
```

第 3 步：编译并上传程序至开发板，查看运行效果，如图 3-35 所示。

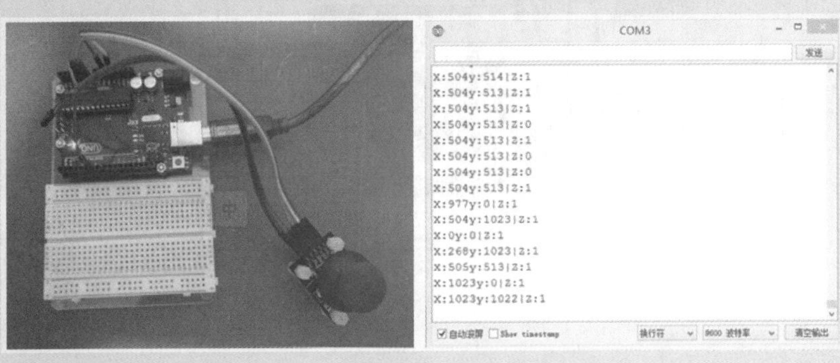

图 3-35　任务 3-6 运行结果

【技术知识】

PS2 摇杆：

PS2 摇杆是遥控器上的常用组件，如图 3-36 所示，它常被用作控制智能小

图 3-36　PS2 摇杆

车行走的操作杆。PS2 摇杆实际上是一种双轴摇杆传感器模块，包含有 2 个可变电位器，具有 X、Y 两轴模拟输出，Z 轴 1 路按钮数字输出（按下去时输出低电平，反之输出高电平），可用于遥控器的操作杆。

PS2 摇杆含有 2 个可变电位器，可以任意方向操作，任意方向分别用 X 和 Y 轴表示。

【工作拓展】

使用 Arduino UNO 开发板、PS2 摇杆和舵机实现如图 3-37 所示装置的制作，要求通过 PS2 遥控控制舵机的运行转动。

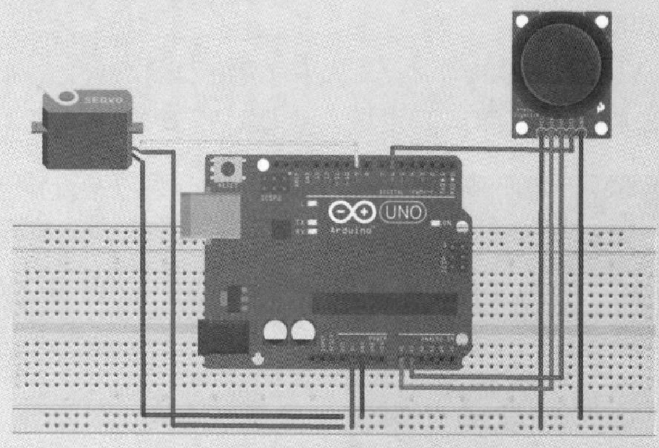

图 3-37　任务 3-6 工作拓展

【考核评价】

1．任务考核

表 3-17　任务 3-6 考核表

考核内容		考核评分		
项目	内　容	配分	得分	批注
工作准备（30%）	能够正确理解工作任务 3-6 内容、范围及工作指令	10		
	能够查阅和理解技术手册，确认 Arduino UNO 开发板技术标准及要求	5		
	使用个人防护用品或衣着适当，能正确使用防护用品	5		
	准备工作场地及器材，能够识别工作场所的安全隐患	5		
	确认设备及工具量具，检查其是否安全及正常工作	5		
实施程序（50%）	正确辨识工作任务所需的 Arduino UNO 开发板	10		
	正确检查 Arduino UNO 开发板有无损坏或异常	10		
	正确选择 USB 数据线	10		
	正确选用工具进行规范操作，完成装置安装、调试和维护	10		
	安全无事故并在规定时间内完成任务	10		
完工清理（20%）	收集和储存可以再利用的原材料、余料	5		
	遵循维护工作程序清洁垃圾、清洁和整理工作区域	5		
	对工具、设备及开发板进行清洁	5		
	按照工作程序，填写完成作业单	5		
考核评语	考核人员：　　　　日期：　　年　月　日	考核成绩		

2．任务评价

表 3-18　任务 3-6 评价表

评价项目	评价内容	评价成绩	备注
工作准备	任务领会、资讯查询、器材准备	□A □B □C □D □E	
知识储备	系统认知、原理分析、技术参数	□A □B □C □D □E	
计划决策	任务分析、任务流程、实施方案	□A □B □C □D □E	
任务实施	专业能力、沟通能力、实施结果	□A □B □C □D □E	
职业道德	纪律素养、安全卫生、器材维护	□A □B □C □D □E	
其他评价			
导师签字：		日期：	年　月　日

注：在选项“□”里打“√”，其中 A：90～100；B：80～89；C：70～79；D：60～69；E：不合格。

任务 3-7　嵌入式矩阵键盘使用

【任务要求】

1. 任务目标

使用 Fritzing 软件设计矩阵键盘电路，并使用 Arduino UNO 开发板编程实现对 4×4 矩阵键盘的控制，如图 3-38 所示。

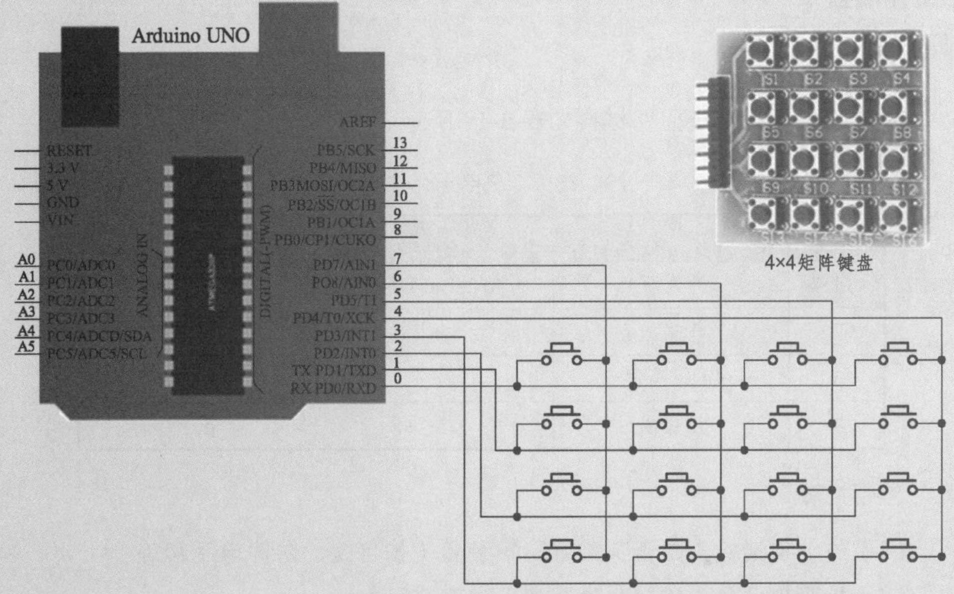

图 3-38　4×4 矩阵键盘控制电路

2. 任务描述

在本次任务中，我们将学习 Arduino UNO 开发板连接 4×4 矩阵键盘工作的原理。4×4 矩阵键盘是一种输入设备，可以用于输入密码、拨打号码、浏览菜单，甚至控制机器人。

在生活中，我们可以看到矩阵键盘被广泛地应用在 ATM、电子密码锁、按键电话等设备上，以方便用户向系统输入数据，实现人机交互。可见，矩阵键盘可与微控制器控制平台（如 Arduino UNO 开发板）一起使用，用于各种嵌入式自动识别设备。

在本次任务中，我们将向您展示如何使用 Arduino UNO 开发板连接 4×4 矩阵键盘，并演示及如何从键盘按键读取数据。

3. 任务分析

4×4 矩阵键盘的引脚接线如图 3-39 所示。

接线
Keypad Pin R1—> Arduino Pin D2
Keypad Pin R2—> Arduino Pin D3
Keypad Pin R3—> Arduino Pin D4
Keypad Pin R4—> Arduino Pin D5
Keypad Pin C1—> Arduino Pin D6
Keypad Pin C2—> Arduino Pin D7
Keypad Pin C3—> Arduino Pin D8
Keypad Pin C4—> Arduino Pin D9

图 3-39　4×4 矩阵键盘电路原理

【工作准备】

1．材料准备

本次任务所需电子元件材料如表 3-19 所示。

表 3-19　任务 3-7 电子元件材料清单

序号	元件名称	规格	数量
1	开发板	Arduino UNO	1 个
2	数据线	USB	1 条
3	4×4 矩阵键盘		1 块
4	杜邦线	公对母	若干

2．注意事项

（1）作业前请检查是否穿戴好防护装备（护目镜、防静电手套等）。

（2）检查电源及设备材料是否齐备、安全可靠。

（3）检查开发板、4×4 矩阵键盘有无损坏或异常。

（4）作业时要注意摆放好设备材料，避免伤人或造成设备材料损伤。

【任务实施】

第 1 步：完成 Arduino UNO 开发板与 4×4 矩阵键盘模块的硬件连接，如图 3-40 所示。

图 3-40　4×4 矩阵键盘接线电路

第 2 步：创建 Arduino 程序“demo_3_7”。程序代码如下：

```
#include <Keypad.h>
const byte ROWS = 4;
const byte COLS = 4;
char keys[ROWS][COLS]={
   {'1','2','3','+'},
   {'4','5','6','-'},
   {'7','8','9','*'},
   {'0','.','=','/'}
};
byte rowPins[ROWS] = {5,4,3,2};
byte colPins[COLS] = {9,8,7,6};
Keypad keypad = Keypad(makeKeymap(keys),
rowPins,colPins,ROWS,COLS);

void setup(){
   Serial.begin(9600);
}
void loop(){
   char key = keypad.getKey();
   if(key!=NO_KEY){Serial.println(key);}
}
```

第 3 步：编译并上传程序至开发板，查看运行效果，如图 3-41 所示。

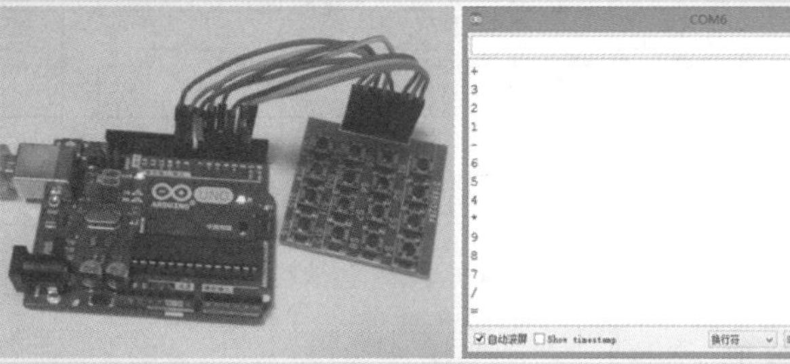

图 3-41　任务 3-7 运行结果

【技术知识】

1．4×4 矩阵键盘

矩阵键盘是指按键排布类似于矩阵的键盘组。矩阵式结构的键盘显然比单个按键电路要复杂一些，识别也要复杂一些。由于电路设计时需要更多的外部输入，单独的按键电路需要浪费很多的 I/O 资源，所以就有了矩阵键盘，常用的矩阵键盘有 3×4、4×4 和 8×8，其中用的最多的是 4×4 矩阵键盘。在 Arduino 中，4×4 矩阵键盘，可以作为简单的控制器输入，能用于复杂的 Arduino 控制。常用的 4×4 矩阵键盘如图 3-42 所示。

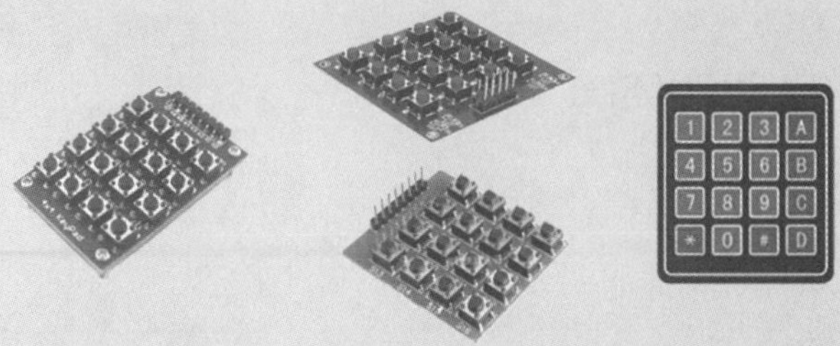

图 3-42　不同形态的 4×4 矩阵键盘

2．4×4 矩阵键盘结构

4×4 矩阵键盘结构如图 3-43 所示。矩阵键盘又称为行列式键盘，它是用 4 条 I/O 线作为行线，4 条 I/O 线作为列线组成的键盘。在行线和列线的每一个交叉点上，设置一个按键。这样键盘中按键的个数是 4×4 个。这种行列式键盘结构能够有效地提高单片机系统中 I/O 口的利用率。由于单片机 IO 端口具有线与的功能，因此当任意一个按键按下时，行和列都有一根线被线与，通过运算就可以得出按键的坐标从而判断按键键值。

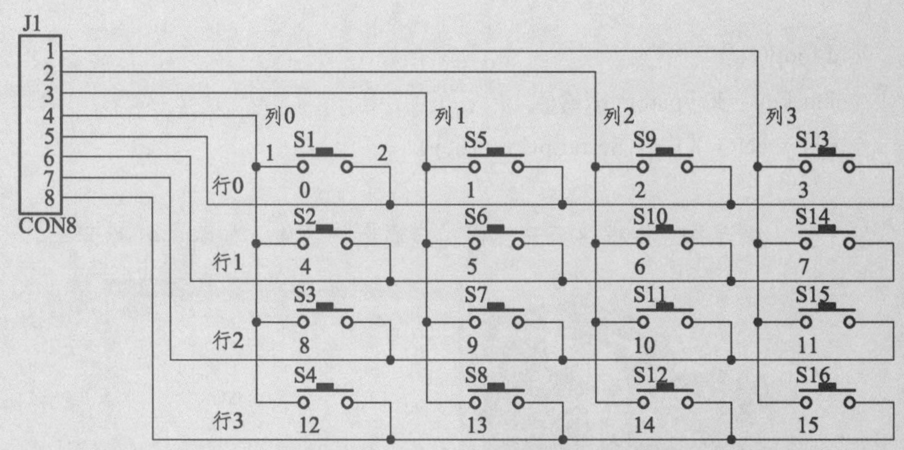

图 3-43　4×4 矩阵键盘结构

3．4×4 矩阵键盘工作原理

4×4 矩阵键盘工作原理采用行列扫描法。行列扫描法原理如下：

（1）使行线为编程的输入线，列线是输出线，拉低所有的列线，判断行线的变化，如果有按键按下，按键按下的对应行线被拉低，否则所有的行线都为高电平。

（2）在第一步判断有键按下后，延时 10 ms 消除机械抖动，再次读取行值，如果此行线还处于低电平状态则进入下一步，否则返回第一步重新判断。

（3）开始扫描按键位置，采用逐行扫描，每间隔 1 ms 的时间，分别拉低第一列，第二列，第三列，第四列，无论拉低哪一列其他三列都为高电平，读取行值找到按键的位置，分别把行值和列值储存在寄存器里。

（4）从寄存器中找到行值和列 值并把其合并，得到按键值，对此按键值进行编码，按照从第一行第一个一直到第四行第四个逐行进行编码，编码值从“0000”至“1111”，再进行译码，最后显示按键号码。

【工作拓展】

使用 Arduino UNO 开发板和 4×4 矩阵键盘实现如图所示装置的设计与制作，如图 3-44 所示。

图 3-44　任务 3-7 工作拓展

【考核评价】

1. 任务考核

表 3-20　任务 3-7 考核表

考核内容		考核评分		
项目	内　容	配分	得分	批注
工作准备（30%）	能够正确理解工作任务 3-7 内容、范围及工作指令	10		
	能够查阅和理解技术手册，确认 Arduino UNO 开发板技术标准及要求	5		
	使用个人防护用品或衣着适当，能正确使用防护用品	5		
	准备工作场地及器材，能够识别工作场所的安全隐患	5		
	确认设备及工具量具，检查其是否安全及正常工作	5		
实施程序（50%）	正确辨识工作任务所需的 Arduino UNO 开发板	10		
	正确检查 Arduino UNO 开发板有无损坏或异常	10		
	正确选择 USB 数据线	10		
	正确选用工具进行规范操作，完成装置安装、调试和维护	10		
	安全无事故并在规定时间内完成任务	10		
完工清理（20%）	收集和储存可以再利用的原材料、余料	5		
	遵循维护工作程序清洁垃圾、清洁和整理工作区域	5		
	对工具、设备及开发板进行清洁	5		
	按照工作程序，填写完成作业单	5		
考核评语	考核人员：　　　　日期：　　年　月　日	考核成绩		

2．任务评价

表 3-21　任务 3-7 评价表

评价项目	评价内容	评价成绩	备注
工作准备	任务领会、资讯查询、器材准备	□A □B □C □D □E	
知识储备	系统认知、原理分析、技术参数	□A □B □C □D □E	
计划决策	任务分析、任务流程、实施方案	□A □B □C □D □E	
任务实施	专业能力、沟通能力、实施结果	□A □B □C □D □E	
职业道德	纪律素养、安全卫生、器材维护	□A □B □C □D □E	
其他评价			
导师签字：	日期：	年　月　日	

注：在选项“□”里打“√”，其中 A：90～100；B：80～89；C：70～79；D：60～69；E：不合格。

任务 3-8　74HC595 芯片使用

项目 3 操作视频

【任务要求】

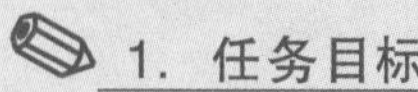

1. 任务目标

使用 Arduino UNO 开发板和 74HC595 芯片编程制作跑马灯。

2. 任务描述

在夜市中，我们常常可以看到很多商店、夜店，甚至大厦的招牌和外墙都设置有各种各样轮流闪烁的 LED 灯饰。这些灯饰被人们形象地称为跑马灯。在本次任务中，我们将使用 Arduino UNO 开发板和 74HC595 芯片来设计和制作一个简易的跑马灯。

单纯地用 Arduino 控制多个 LED 灯需要占用多个 I/O 接口，这对于 Arduino 开发板上有限的 I/O 接口显然捉襟见肘，因此必须使用其他电路元件进行扩展。74HC595 芯片是一种可以有效地对 Arduino 开发板上有限的 I/O 接口进行扩展的电子元件。74HC595 芯片具有 8 位移位寄存器和一个存储器，以及三态输出功能。本次任务将通过 74HC595 芯片编程实现 8 个 LED 灯的显示控制，实现跑马灯式的轮流显示效果。

3. 任务分析

本任务我们制作一个具有 8 个 LED 灯的跑马灯，利用编程来控制灯的闪烁效果。电路原理如图 3-45 所示。

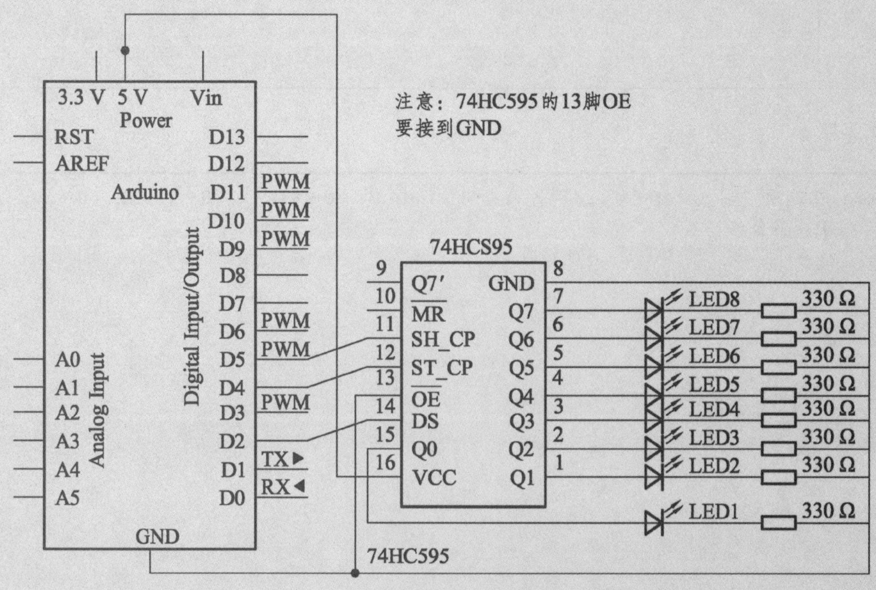

图 3-45　使用 74HC595 制作流水灯原理图

【工作准备】

1. 材料准备

本次任务所需设备及材料如表 3-22 所示。

表 3-22 任务 3-8 设备及材料清单

序号	元件名称	规格	数量
1	开发板	Arduino UNO	1 个
2	数据线	USB	1 条
3	面包板	MB-201	1 个
4	74HC595	直插芯片	1 个
5	LED 灯	红色	4 个
6	LED 灯	绿色	4 个
7	色环电阻	220 Ω	8 个
8	跳线	针脚	若干

2. 注意事项

（1）作业前请检查是否穿戴好防护装备（护目镜、防静电手套等）。

（2）检查电源及设备材料是否齐备、安全可靠。

（3）检查开发板、74HC595 芯片有无损坏或异常。

（4）作业时要注意摆放好设备材料，避免伤人或造成设备材料损伤。

【任务实施】

第 1 步：使用 Fritzing 软件设计和绘制电路设计图，如图 3-46 所示。根据电路设计图，完成 Arduino UNO 开发板及其他电子元件的硬件连接。

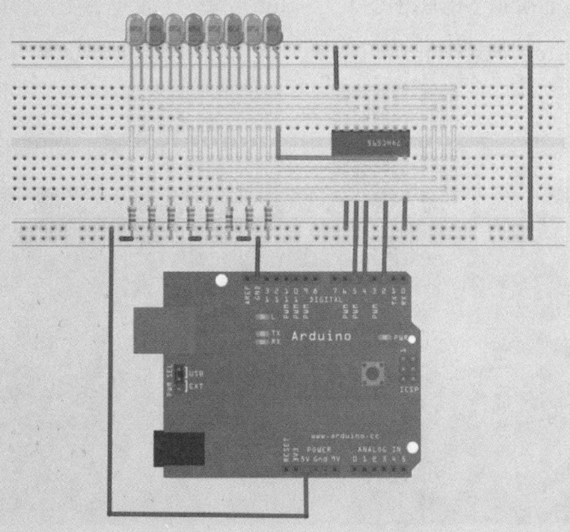

图 3-46 任务 3-8 电路设计图

第 2 步：创建 Arduino 程序“demo_3_8”。程序代码如下：

```
int data = 2;//74HC595 的 14 脚 数据输入引脚 SI
int clock = 5;//74hc595 的 11 脚 时钟线 SCK
int latch = 4;//74hc595 的 12 脚 输出存储器锁存线 RCK
int ledState = 0;
const int ON = HIGH;
const int OFF = LOW;
void setup()
{
pinMode(data, OUTPUT);
pinMode(clock, OUTPUT);
pinMode(latch, OUTPUT);
}
void loop()
{
for(int i = 0; i < 256; i++)
{
updateLEDs(i);
delay(500);
}
}
void updateLEDs(int value)
{
digitalWrite(latch, LOW);//
shiftOut(data, clock, MSBFIRST, ~value);//串行数据输出,高位在先
digitalWrite(latch, HIGH);//锁存
}
```

第 3 步：编译并上传程序至开发板，查看运行效果，如图 3-47 所示。

图 3-47　任务 3-8 运行效果

【技术知识】

1．74HC595

74HC595 芯片是一个串行输入，并行输出设备。其内部包括一个 8 位移位寄存器、一个存储器以及三态输出门电路，其中移位寄存器和存储器都有相互独立的时钟。

图 3-48　74HC595 芯片

2．74HC595 引脚说明

74HC595 芯片引脚定义及其功能说明如图 3-49 和表 3-23 所示。

Q1	1	16	VCC
Q2	2	15	Q0
Q3	3	14	DS
Q4	4	13	$\overline{OE}$
Q5	5	12	STCP
Q6	6	11	SHCP
Q7	7	10	$\overline{MR}$
GND	8	9	Q7S

图 3-49　74HC595 引脚

表 3-23　7HC595 引脚功能说明

引脚编号	名　称	功能说明
1～7，15	Q0～Q7	并行输出（Parallel Output）
8	GND	接地
9	Q7′	串行输出（Serial Output）
10	MR	Master Reset，接 5 V
11	SH_CP	Shift Register Clock Input
12	ST_CP	Storage Register Clock Input
13	OE	Output Enable（active LOW）
14	DS	Serial Data Input
16	VCC	5 V 工作电压

➢ VCC、GND 为芯片供电管脚，工作电压 5 V。

➢ Q0 ~ Q7 这 8 个引脚是芯片的输出引脚。

➢ DS 引脚为串行输入引脚。我们需要将数据一位一位的写入该引脚。

➢ STCP 引脚为锁存引脚。当移位寄存器的 8 位数据全部传输完毕后，通过控制此引脚将数据复制到锁存器准备并行输出。

➢ SHCP 引脚为时钟引脚。通过控制此引脚将数据写入移位寄存器。

➢ OE 引脚为输出使能。其作用是控制锁存器里的数据是否最终输出到 Q0 ~ Q7 输出引脚上。低电平时输出，高电平时不输出，本实验直接接在 GND 使其一直保持低电平输出数据。

➢ MR 是用来重置内部寄存器的引脚。低电平时重置内部寄存器。本实验直接连接在 VCC 上一直保持高电平。

➢ Q7S 引脚为串行输出引脚，专门用于芯片级联。

3．74HC595 操作说明

根据 74HC595 引脚说明，有三个重要的引脚：数据引脚（data）、锁存引脚（latch）、时钟引脚（clock）。74HC595 操作说明如表 3-24 所示。

表 3-24　74HC595 操作说明

74HC595 操作步骤	操作说明
latch = LOW	只有为 LOW 时才可以输入数据
data	通过 data 传输数据第一位，HIGH/LOW
clock = HIGH	数据锁存
clock = LOW	准备下一个
data…	继续上面步骤，直到传输完成
clock = HIGH	储存全部的数据
clock = LOW	禁止数据再进行传输
latch = HIGH	并行送出数据

4．shiftOut

shiftOut 这个函数有四个参数，而且常常用于 74HC595 控制数码管或者 LED 的流水灯的程序中，一个 74HC595 一个 shiftOut 函数，整在一起，常常把初学者搞晕。

函数 shiftOut（dataPin,clockPin,bitOrder,val）有四个参数，即：dataPin、clockPin、bitOrder、val，其具体含义如下：

➢ dataPin：对于 Arduino 板，它是输出每一位数据的引脚（如某数字口），引脚需配置成输出模式。

➢ clockPin：为位移芯片提供时钟的脚（即指 Arduino 板上的某个数字口），当我们准备将 dataPin 的数据推送出去时，发送一个高电平（当然，这个引脚须配置成输出模式）。

➢ bitOrder：输出位的顺序，有最高位优先（MSBFIRST）和最低位优先（LSBFIRST）两种方式。

➢ val：所要输出的数据值，该数据值将以 byte 形式输出。

shiftOut 函数的作用是将一个数据的一个字节一次性送出，其内部实际是配合 clockPin 的时钟信号，一个一个 bit 的就写入了位移芯片，它是一个无返回值函数。从最高有效位（最左边）或最低有效位（最右边）开始，依次向数据脚写入每一位，之后时钟脚被拉高或拉低，指示刚才的数据有效。

【工作拓展】

使用 Arduino UNO 开发板、两个 74HC595 芯片，以及 16 个 LED 灯制作一个跑马灯控装置，装置的电路设计如图 3-50 所示。

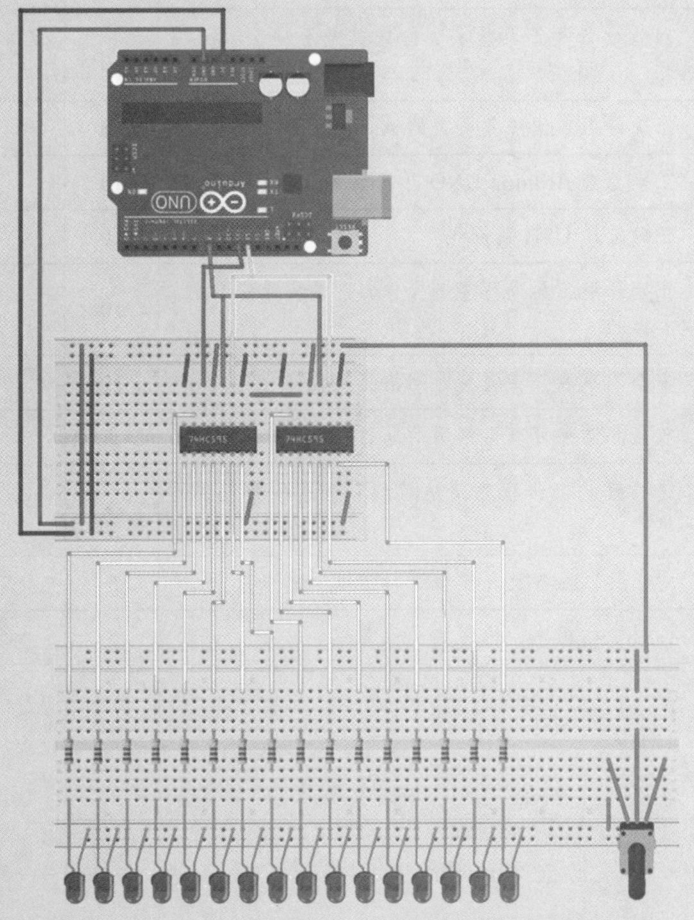

图 3-50　任务 3-8 工作拓展

【考核评价】

1. 任务考核

表 3-25　任务 3-8 考核表

考核内容		考核评分		
项目	内　容	配分	得分	批注
工作准备（30%）	能够正确理解工作任务 3-8 内容、范围及工作指令	10		
	能够查阅和理解技术手册，确认 Arduino UNO 开发板技术标准及要求	5		
	使用个人防护用品或衣着适当，能正确使用防护用品	5		
	准备工作场地及器材，能够识别工作场所的安全隐患	5		
	确认设备及工具量具，检查其是否安全及正常工作	5		
实施程序（50%）	正确辨识工作任务所需的 Arduino UNO 开发板	10		
	正确检查 Arduino UNO 开发板有无损坏或异常	10		
	正确选择 USB 数据线	10		
	正确选用工具进行规范操作，完成装置安装、调试和维护	10		
	安全无事故并在规定时间内完成任务	10		
完工清理（20%）	收集和储存可以再利用的原材料、余料	5		
	遵循维护工作程序清洁垃圾、清洁和整理工作区域	5		
	对工具、设备及开发板进行清洁	5		
	按照工作程序，填写完成作业单	5		
考核评语	考核人员：　　　　日期：　　年　月　日	考核成绩		

2．任务评价

表 3-26　任务 3-8 评价表

评价项目	评价内容	评价成绩	备注
工作准备	任务领会、资讯查询、器材准备	□A □B □C □D □E	
知识储备	系统认知、原理分析、技术参数	□A □B □C □D □E	
计划决策	任务分析、任务流程、实施方案	□A □B □C □D □E	
任务实施	专业能力、沟通能力、实施结果	□A □B □C □D □E	
职业道德	纪律素养、安全卫生、器材维护	□A □B □C □D □E	
其他评价			
导师签字：		日期：	年　月　日

注：在选项“□”里打“√”，其中 A：90～100；B：80～89；C：70～79；D：60～69；E：不合格。

项目小结

本项目介绍了 Arduino 常用元件如蜂鸣器、倾斜开关、继电器、步进电机、舵机、PS2 摇杆、4×4 矩阵按键、74HC595 芯片等电子元件的应用，并重点介绍了使用 Arduino UNO 开发板控制这些电子元件的电路设计、硬件连接、程序编码及调试运行方式。

项目要点：熟练掌握蜂鸣器、倾斜开关、继电器、步进电机、舵机、PS 摇杆、4×4 矩阵按键、74HC595 等模块的使用方法。熟练掌握 Arduino UNO 开发板控制这些电子元件的电路设计和程序设计方法与技巧。

项目评价

在本项目教学和实施过程中，教师和学生可以根据以下项目考核评价表对各项任务进行考核评价。考核主要针对学生在技术知识、任务实施（技能情况）、拓展任务（实战训练）的掌握程度和完成效果进行评价。

表 3-27　项目 3 评价表

工作任务	评价内容									
	技术知识		任务实施		拓展任务		完成效果		总体评价	
	个人评价	教师评价	个人评价	教师评价	个人评价	教师评价	个人评价	教师评价	个人评价	教师评价
任务 3-1										
任务 3-2										
任务 3-3										
任务 3-4										
任务 3-5										
任务 3-6										
任务 3-7										
任务 3-8										

续表

存在问题与解决办法（应对策略）	
学习心得与体会分享	

实训与讨论

一、实训题

1. 使用 Arduino UNO 开发板和舵机设计制作电动云台。
2. 使用 Arduino UNO 开发板和蜂鸣器设计制作音乐盒。

二、讨论题

1. 如何使用 Arduino UNO 开发板和步进电机设计制作电动控制的旋转台？
2. 如何使用 Arduino UNO 开发板和 4×4 矩阵键盘设计制作计算器？

项目 4 嵌入式系统显示原理及编程

项目 4 PPT

知识目标

- 认识一位数码管、四位数码管、8×8 点阵、LCD1602、OLED 等显示模块。
- 了解一位数码管、四位数码管、8×8 点阵、LCD1602、OLED 等显示模块的工作原理与电路连接。
- 掌握 Arduino UNO 开发板编程控制一位数码管、四位数码管、8×8 点阵、LCD1602、OLED 等模块编程显示的方法和技巧。

技能目标

- 懂一位数码管、四位数码管、8×8 点阵模块、LCD1602、OLED 的使用。
- 会使用 Arduino UNO 开发板编程控制一位数码管、四位数码管、8×8 点阵、LCD1602、OLED 等模块的显示。
- 能使用 Arduino UNO 开发板和一位数码管、四位数码管、8×8 点阵、LCD1602、OLED 等模块开发项目。

工作任务

- 任务 4-1　一位数码管模块显示编程
- 任务 4-2　四位数码管模块显示编程
- 任务 4-3　点阵模块显示编程
- 任务 4-4　LCD 液晶屏模块显示编程
- 任务 4-5　OLED 屏模块显示编程

任务 4-1　一位数码管模块显示编程

项目 4 操作视频

【任务要求】

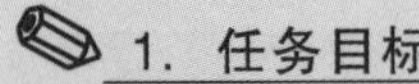

1. 任务目标

使用 Arduino UNO 开发板编程实现一位数码管的数字循环显示。

2. 任务描述

数码管是一种常见用于显示数字的电子元器件。在日常生活中，如电磁炉、全自动洗衣机、热水器、电子钟等，都能见到数码管的身影。因此，掌握数码管的编程控制技术是非常必要和有用的。

本次任务采用 Arduino UNO 开发板作为控制器，编程实现对一位数码管数字循环显示的控制。

3. 任务分析

一位数码管可以看成是由八段发光二极管组成的电子元件模块，所以在使用时跟发光二极管类似，一般也要连接限流电阻，避免因电流过大而造成电子元件的损害。本次任务用的是共阴极的数码管，共阴数码管在应用时应将公共极接到 GND，当某一字段发光二极管的阳极为低电平时，相应字段就熄灭。当某一字段的阳极为高电平时，相应字段就点亮。电路原理如图 4-1 所示。

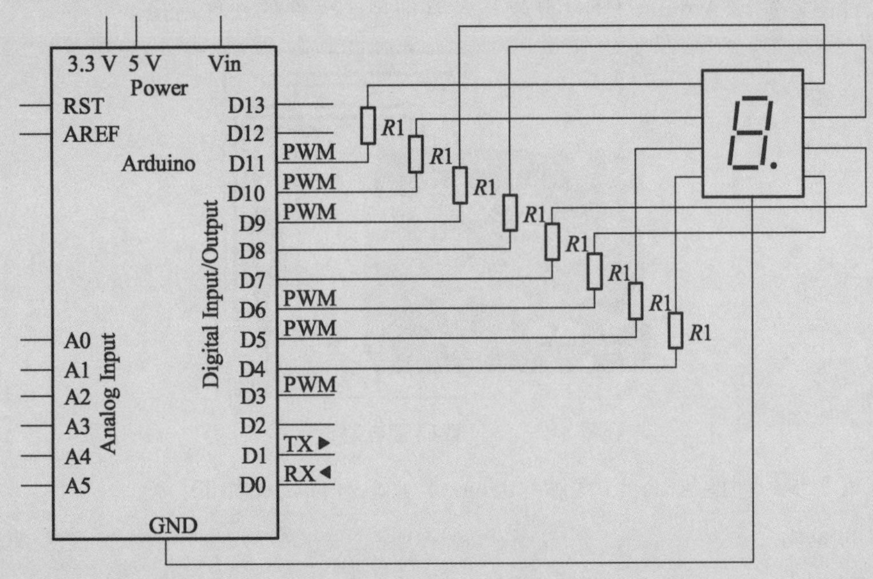

图 4-1　任务 4-1 电路原理图

【工作准备】

1．材料准备

本次任务所需电子元件材料如表 4-1 所示。

表 4-1　任务 4-1 电子元件材料清单

序号	元件名称	规格	数量
1	开发板	Arduino UNO	1 个
2	数据线	USB	1 条
3	面包板	MB-102	1 个
4	一位数码管	共阴极	1 个
5	色环电阻	1 kΩ	1 个
6	跳线	针脚	若干

2．注意事项

（1）作业前请检查是否穿戴好防护装备（护目镜、防静电手套等）。

（2）检查电源及设备材料是否齐备、安全可靠。

（3）检查开发板、一位数码管、色环电阻有无损坏或异常。

（4）作业时要注意摆放好设备材料，避免伤人或造成设备材料损伤。

【任务实施】

第 1 步：使用 Fritzing 软件设计和绘制电路设计图，如图 4-2 所示。根据电路设计图，完成 Arduino UNO 开发板及其他电子元件的硬件连接。

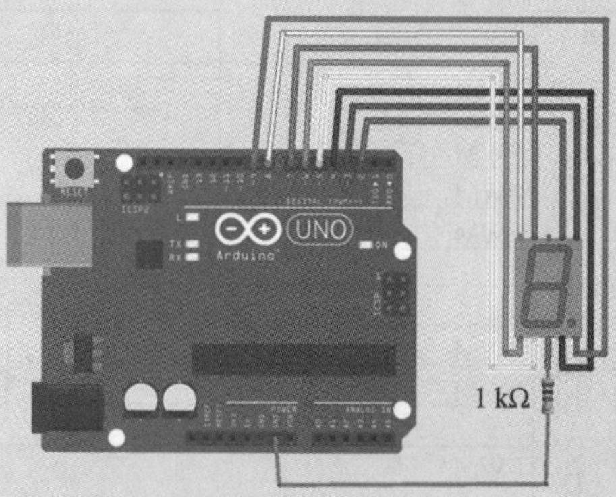

图 4-2　一位数码管电路设计

第 2 步：创建 Arduino 程序“demo_4_1”。程序代码如下：

```
int a=2;
int b=3;
int c=4;
int d=5;
```

```
int e=6;
int f=7;
int g=8;
int dp=9;
void digital_0(void){
    digitalWrite(a,HIGH);
    digitalWrite(b,HIGH);
    digitalWrite(c,HIGH);
    digitalWrite(d,HIGH);
    digitalWrite(e,HIGH);
    digitalWrite(f,HIGH);
    digitalWrite(g,LOW);
    digitalWrite(dp,LOW);
}
void digital_1(void) {
    digitalWrite(a,LOW);
    digitalWrite(b,HIGH);
    digitalWrite(c,HIGH);
    digitalWrite(d,LOW);
    digitalWrite(e,LOW);
    digitalWrite(f,LOW);
    digitalWrite(g,LOW);
    digitalWrite(dp,LOW);
}
void digital_2(void){
    digitalWrite(a,HIGH);
    digitalWrite(b,HIGH);
    digitalWrite(c,LOW);
    digitalWrite(d,HIGH);
    digitalWrite(e,HIGH);
    digitalWrite(f,LOW);
    digitalWrite(g,HIGH);
    digitalWrite(dp,LOW);
}
```

```
void digital_3(void) {
    digitalWrite(a,HIGH);
    digitalWrite(b,HIGH);
    digitalWrite(c,HIGH);
    digitalWrite(d,HIGH);
    digitalWrite(e,LOW);
    digitalWrite(f,LOW);
    digitalWrite(g,HIGH);
    digitalWrite(dp,LOW);
}
void digital_4(void) {
    digitalWrite(a,LOW);
    digitalWrite(b,HIGH);
    digitalWrite(c,HIGH);
    digitalWrite(d,LOW);
    digitalWrite(e,LOW);
    digitalWrite(f,HIGH);
    digitalWrite(g,HIGH);
    digitalWrite(dp,LOW);
}
void digital_5(void){
    digitalWrite(a,HIGH);
    digitalWrite(b,LOW);
    digitalWrite(c,HIGH);
    digitalWrite(d,HIGH);
    digitalWrite(e,LOW);
    digitalWrite(f,HIGH);
    digitalWrite(g,HIGH);
    digitalWrite(dp,LOW);
}
void digital_6(void){
    digitalWrite(a,HIGH);
    digitalWrite(b,LOW);
    digitalWrite(c,HIGH);
```

```
    digitalWrite(d,HIGH);
    digitalWrite(e,HIGH);
    digitalWrite(f,HIGH);
    digitalWrite(g,HIGH);
    digitalWrite(dp,LOW);
}
void digital_7(void){
    digitalWrite(a,HIGH);
    digitalWrite(b,HIGH);
    digitalWrite(c,HIGH);
    digitalWrite(d,LOW);
    digitalWrite(e,LOW);
    digitalWrite(f,LOW);
    digitalWrite(g,LOW);
    digitalWrite(dp,LOW);
}
void digital_8(void) {
    digitalWrite(a,HIGH);
    digitalWrite(b,HIGH);
    digitalWrite(c,HIGH);
    digitalWrite(d,HIGH);
    digitalWrite(e,HIGH);
    digitalWrite(f,HIGH);
    digitalWrite(g,HIGH);
    digitalWrite(dp,LOW);
}
void digital_9(void) {
    digitalWrite(a,HIGH);
    digitalWrite(b,HIGH);
    digitalWrite(c,HIGH);
    digitalWrite(d,HIGH);
    digitalWrite(e, LOW);
    digitalWrite(f,HIGH);
    digitalWrite(g,HIGH);
```

```
    digitalWrite(dp,LOW);
  }
  void setup(){
    int i;
    for(i=2;i<=9;i++)
  pinMode(i,OUTPUT);
  }
  void loop(){
    while(1){
  digital_0(); delay(1000);
  digital_1(); delay(1000);
  digital_2(); delay(1000);
  digital_3(); delay(1000);
  digital_4(); delay(1000);
  digital_5(); delay(1000);
  digital_6(); delay(1000);
  digital_7(); delay(1000);
  digital_8(); delay(1000);
  digital_9(); delay(1000);
    }
  }
```

第 3 步：编译并上传程序至开发板。查看运行情况，如图 4-3 所示。

图 4-3　任务 4-1 运行效果

【技术知识】

1．一位数码管

一位数码管是一种常见的普遍的显示数字的显示器件，日常生活中如电磁炉、全自动洗衣机、太阳能水温显示、电子钟等。一位数码管实际上是由 7 个发光管组成的 8 字形构成的，再加上旁边的小数点总共就是 8 段发光二极管。一般地，这 8 段分别由字母 a，b，c，d，e，f，g，dp 来表示。当这些发光二极管段加上电压后，就会发亮，形成我们眼睛看到的字样了。一位数码管有一般亮和超亮等型号模块，也有 0.5 寸、1 寸（1 寸≈33.33 mm）等不同尺寸的模块。小尺寸的显示笔画常用一个发光二极管组成，而大尺寸的由二个或多个发光二极管组成，一般情况下，单个发光二极管的管压降为 1.8 V 左右，电流不超过 30 mA。

图 4-4　一位数码管

2．共阴极与共阳极数码管

发光二极管的阳极连接到一起连接到电源正极的称为共阳，发光二极管的阴极连接到一起连接到电源负极的称为共阴，图 4-5 所示是共阴极和共阳极一位数码管电路原理图。

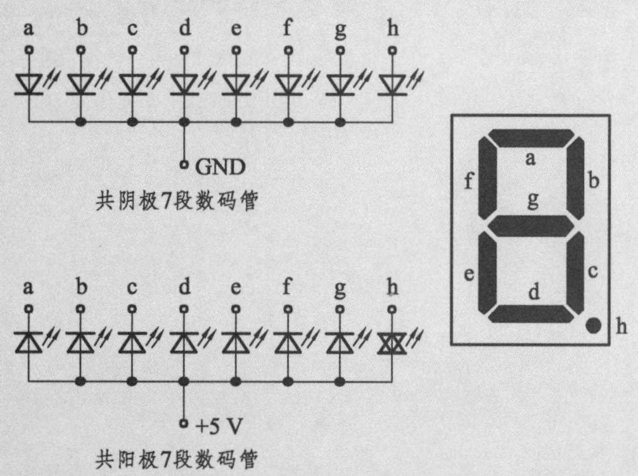

图 4-5　共阴极与共阳极数码管

【工作拓展】

使用 Arduino UNO 开发板、一位数码管及电位器设计与制作一个数字显示装置。当旋转电位器时，一位数码管显示对应的数字，如图 4-6 所示。

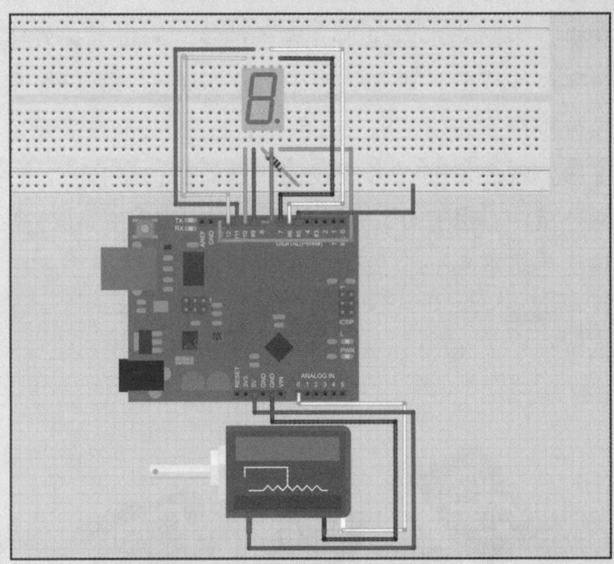

图 4-6　任务 4-1 工作拓展

【考核评价】

1．任务考核

表 4-2　任务 4-1 考核表

考核内容		考核评分		
项目	内　容	配分	得分	批注
工作准备（30%）	能够正确理解工作任务 4-1 内容、范围及工作指令	10		
	能够查阅和理解技术手册，确认 Arduino UNO 开发板技术标准及要求	5		
	使用个人防护用品或衣着适当，能正确使用防护用品	5		
	准备工作场地及器材，能够识别工作场所的安全隐患	5		
	确认设备及工具量具，检查其是否安全及正常工作	5		
实施程序（50%）	正确辨识工作任务所需的 Arduino UNO 开发板	10		
	正确检查 Arduino UNO 开发板有无损坏或异常	10		
	正确选择 USB 数据线	10		
	正确选用工具进行规范操作，完成装置安装、调试和维护	10		
	安全无事故并在规定时间内完成任务	10		
完工清理（20%）	收集和储存可以再利用的原材料、余料	5		
	遵循维护工作程序清洁垃圾、清洁和整理工作区域	5		
	对工具、设备及开发板进行清洁	5		
	按照工作程序，填写完成作业单	5		
考核评语	考核人员：　　　　日期：　　年　月　日	考核成绩		

2．任务评价

表 4-3　任务 4-1 评价表

评价项目	评价内容	评价成绩	备注
工作准备	任务领会、资讯查询、器材准备	□A □B □C □D □E	
知识储备	系统认知、原理分析、技术参数	□A □B □C □D □E	
计划决策	任务分析、任务流程、实施方案	□A □B □C □D □E	
任务实施	专业能力、沟通能力、实施结果	□A □B □C □D □E	
职业道德	纪律素养、安全卫生、器材维护	□A □B □C □D □E	
其他评价			
导师签字：		日期：	年　月　日

注：在选项“□”里打“√”，其中 A：90～100；B：80～89；C：70～79；D：60～69；E：不合格。

任务 4-2　四位数码管模块显示编程

项目 4　操作视频

【任务要求】

1. 任务目标

使用 Arduino UNO 开发板编程控制四位数码管的显示。

2. 任务描述

四位数码管是一种半导体发光器件，其基本单元是发光二极管。从外观上看，像是由 4 个一位数码管拼接在一起组成。事实上四位数码管的内部电路进行了优化整合，其模块引脚与一位数码管引脚存在不同。

本次任务讲授使用 Arduino UNO 开发板编程实现共阴极四位数码管的显示，并以此制作一个数字显示屏。

3. 任务分析

使用开发板驱动四位数码管。驱动数码管限流电阻必不可少。限流电阻有两种接法，一种是在 d1-d4 阳极接，总共接 4 个。这种接法好处是需求电阻比较少，但是会产生每一位上显示不同数字亮度会不一样（1 最亮，8 最暗）。另外一种接法就是 8 个引脚都接上，这种接法亮度显示均匀，但是使用的电阻较多。

【工作准备】

1．材料准备

本次任务所需设备及材料如表 4-4 所示。

表 4-4　任务 4-2 电子元件清单

序号	元件名称	规格	数量
1	开发板	Arduino Uno	1 个
2	数据线	USB	1 条
3	面包板	MB-102	1 个
4	四位数码管	共阴极	1 个
5	色环电阻	220 Ω	8 个
6	跳线	针脚	若干

2．注意事项

（1）作业前请检查是否穿戴好防护装备（护目镜、防静电手套等）。

（2）检查电源及设备材料是否齐备、安全可靠。

（3）检查开发板、四位数码管、色环电阻有无损坏或异常。

（4）作业时要注意摆放好设备材料，避免伤人或造成设备材料损伤。

【任务实施】

第 1 步：使用 Fritzing 软件设计和绘制电路设计图，如图 4-7 所示。根据电路设计图，完成 Arduino UNO 开发板及其他电子元件的硬件连接。

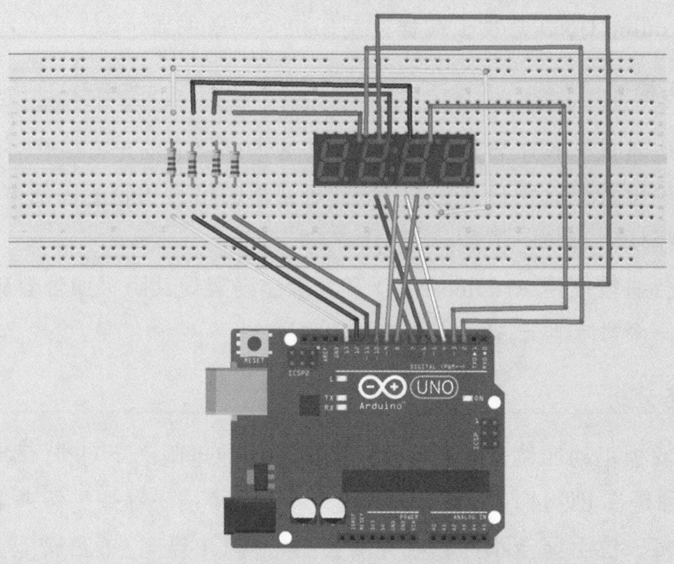

图 4-7　任务 4-2 电路设计图

第 2 步：创建 Arduino 程序“demo_4_2”。程序代码如下：

```
#define d_a    2
#define d_b    3
#define d_c    4
#define d_d    5
#define d_e    6
#define d_f    7
#define d_g    8
#define d_h    9
#define COM1 10
#define COM2 11
#define COM3 12
#define COM4 13
//数码管 0-F 码值
unsigned char num[17][8] =
{
  // a, b, c, d, e, f, g, h
```

```
    {1, 1, 1, 1, 1, 1, 0, 0},        //0
    {0, 1, 1, 0, 0, 0, 0, 0},        //1
    {1, 1, 0, 1, 1, 0, 1, 0},        //2
    {1, 1, 1, 1, 0, 0, 1, 0},        //3
    {0, 1, 1, 0, 0, 1, 1, 0},        //4
    {1, 0, 1, 1, 0, 1, 1, 0},        //5
    {1, 0, 1, 1, 1, 1, 1, 0},        //6
    {1, 1, 1, 0, 0, 0, 0, 0},        //7
    {1, 1, 1, 1, 1, 1, 1, 0},        //8
    {1, 1, 1, 1, 0, 1, 1, 0},        //9
    {1, 1, 1, 0, 1, 1, 1, 1},        //A
    {1, 1, 1, 1, 1, 1, 1, 1},        //B
    {1, 0, 0, 1, 1, 1, 0, 1},        //C
    {1, 1, 1, 1, 1, 1, 0, 1},        //D
    {1, 0, 0, 1, 1, 1, 1, 1},        //E
    {1, 0, 0, 0, 1, 1, 1, 1},        //F
    {0, 0, 0, 0, 0, 0, 0, 1},        //.
};
void setup()
{
    pinMode(d_a,OUTPUT);
    pinMode(d_b,OUTPUT);
    pinMode(d_c,OUTPUT);
    pinMode(d_d,OUTPUT);
    pinMode(d_e,OUTPUT);
    pinMode(d_f,OUTPUT);
    pinMode(d_g,OUTPUT);
    pinMode(d_h,OUTPUT);
    pinMode(COM1,OUTPUT);
    pinMode(COM2,OUTPUT);
    pinMode(COM3,OUTPUT);
    pinMode(COM4,OUTPUT);
}
void loop()
{
    for(int l = 0;l < 10;l++ )
    {
```

```
        for(int k = 0; k < 10;k++)
        {
          for(int j = 0; j < 10; j++)
          {
            for(int i = 0;i < 10;i++)
            {
              //一秒钟快闪 125 次,就等于一秒,即 1000/8=125
              for(int q = 0;q<125;q++)
              {
                Display(1,l); //第一位数码管显示 1 的值
                delay(2);
                Display(2,k);
                delay(2);
                Display(3,j);
                delay(2);
                Display(4,i);
                delay(2);
              }
            }
          }
        }
      }
    }
    void Display(unsigned char com,unsigned char n)
    {
      digitalWrite(d_a,LOW);
      digitalWrite(d_b,LOW);
      digitalWrite(d_c,LOW);
      digitalWrite(d_d,LOW);
      digitalWrite(d_e,LOW);
      digitalWrite(d_f,LOW);
      digitalWrite(d_g,LOW);
      digitalWrite(d_h,LOW);
      switch(com)
      {
        case 1:
          digitalWrite(COM1,LOW);      //选择位 1
```

```
      digitalWrite(COM2,HIGH);
      digitalWrite(COM3,HIGH);
      digitalWrite(COM4,HIGH);
      break;
    case 2:
      digitalWrite(COM1,HIGH);
      digitalWrite(COM2,LOW);     //选择位 2
      digitalWrite(COM3,HIGH);
      digitalWrite(COM4,HIGH);
      break;
    case 3:
      digitalWrite(COM1,HIGH);
      digitalWrite(COM2,HIGH);
      digitalWrite(COM3,LOW);     //选择位 3
      digitalWrite(COM4,HIGH);
      break;
    case 4:
      digitalWrite(COM1,HIGH);
      digitalWrite(COM2,HIGH);
      digitalWrite(COM3,HIGH);
      digitalWrite(COM4,LOW);     //选择位 4
      break;
    default:break;
  }
  digitalWrite(d_a,num[n][0]);
  digitalWrite(d_b,num[n][1]);
  digitalWrite(d_c,num[n][2]);
  digitalWrite(d_d,num[n][3]);
  digitalWrite(d_e,num[n][4]);
  digitalWrite(d_f,num[n][5]);
  digitalWrite(d_g,num[n][6]);
  digitalWrite(d_h,num[n][7]);
}
```

第 3 步：编译并上传程序至开发板，查看运行情况，如图 4-8 所示。

图 4-8　任务 4-2 运行效果

【技术知识】

1．四位数码管

四位数码管就是由 4 个一位数码管组成的显示装置，如图 4-9 所示。

图 4-9　四位数码管

四位数码管引脚分布如图 4-10 所示，其中 1，2，3，4 表示对应位数码管的公共极。

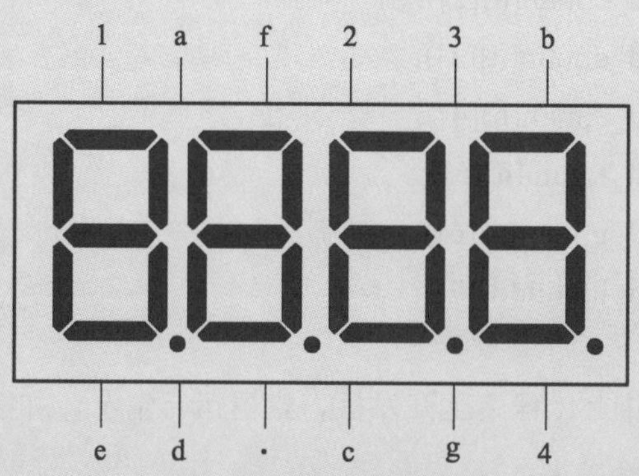

图 4-10　四位数码管引脚分布

2．多位数码管

根据实际需要，把多个一位数码管封装在一起就成了多位数码管。常见的有两位、三位、四位、五位、六位等，如图 4-11 所示。

图 4-11　不同位数的数码管

尽管数码管根据位数不同，其封装的引脚也各不相同，但其内部都是将单个数码管的段选线 a、b、c、d、e、f、g、dp 对应连接在一起，公共极则相互独立。使用时分别通过控制不同的位选线（即单个数码管的公共极）来控制单个数码管的显示。

【工作拓展】

使用 Arduino UNO 开发板和四位数码管设计与制作一个计数秒表装置。如图 4-12 所示。

图 4-12　任务 4-2 工作拓展

【考核评价】

1．任务考核

表 4-5　任务 4-2 考核表

考核内容		考核评分		
项目	内　容	配分	得分	批注
工作准备（30%）	能够正确理解工作任务 4-2 内容、范围及工作指令	10		
	能够查阅和理解技术手册，确认 Arduino UNO 开发板技术标准及要求	5		
	使用个人防护用品或衣着适当，能正确使用防护用品	5		
	准备工作场地及器材，能够识别工作场所的安全隐患	5		
	确认设备及工具量具，检查其是否安全及正常工作	5		
实施程序（50%）	正确辨识工作任务所需的 Arduino UNO 开发板	10		
	正确检查 Arduino UNO 开发板有无损坏或异常	10		
	正确选择 USB 数据线	10		
	正确选用工具进行规范操作，完成装置安装、调试和维护	10		
	安全无事故并在规定时间内完成任务	10		
完工清理（20%）	收集和储存可以再利用的原材料、余料	5		
	遵循维护工作程序清洁垃圾、清洁和整理工作区域	5		
	对工具、设备及开发板进行清洁	5		
	按照工作程序，填写完成作业单	5		
考核评语	考核人员：　　　　日期：　　年　月　日	考核成绩		

2．任务评价

表 4-6　任务 4-2 评价表

评价项目	评价内容	评价成绩	备注
工作准备	任务领会、资讯查询、器材准备	□A □B □C □D □E	
知识储备	系统认知、原理分析、技术参数	□A □B □C □D □E	
计划决策	任务分析、任务流程、实施方案	□A □B □C □D □E	
任务实施	专业能力、沟通能力、实施结果	□A □B □C □D □E	
职业道德	纪律素养、安全卫生、器材维护	□A □B □C □D □E	
其他评价			
导师签字：	日期：	年　月　日	

注：在选项“□”里打“√”，其中 A：90～100；B：80～89；C：70～79；D：60～69；E：不合格。

任务 4-3　点阵模块显示编程

【任务要求】

1. 任务目标

使用 Arduino UNO 开发板编程控制 8×8 点阵的显示。

2. 任务描述

点阵模块在生活中非常常见，许多场合都有用到，例如 LED 广告显示屏、电梯上楼层显示屏、公交车报站显示屏等。

本次任务将使用 Arduino UNO 开发板和 8×8 点阵模块制作一个 LED 广告显示屏。

3. 任务分析

点阵模块的引脚及接线方式如图 4-13 和表 4-7 所示。

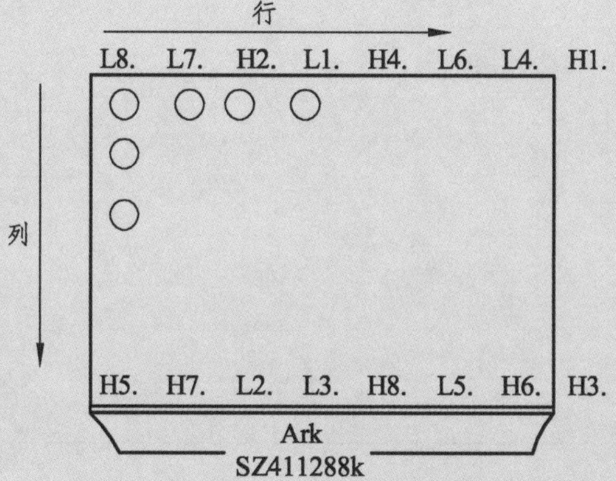

图 4-13　点阵模块的引脚

表 4-7　点阵模块引脚的接线方式

行	>>>	引脚	列	>>>	引脚
H1	>>>	2	L1	>>>	6
H2	>>>	7	L2	>>>	11
H3	>>>	A5	L3	>>>	10
H4	>>>	5	L4	>>>	3
H5	>>>	13	L5	>>>	A3
H6	>>>	A4	L6	>>>	4
H7	>>>	12	L7	>>>	8
H8	>>>	A2	L8	>>>	9

【工作准备】

1. 材料准备

本次任务所需电子元件材料如表 4-8 所示。

表 4-8　任务 4-3 电子元件材料清单

序号	元件名称	规格	数量
1	开发板	Arduino UNO	1 个
2	数据线	USB	1 条
3	面包板	MB-102	1 个
4	点阵显示模块	8×8	1 个
5	跳线	针脚	若干

2. 注意事项

（1）作业前请检查是否穿戴好防护装备（护目镜、防静电手套等）。

（2）检查电源及设备材料是否齐备、安全可靠。

（3）检查开发板、点阵显示模块有无损坏或异常。

（4）作业时要注意摆放好设备材料，避免伤人或造成设备材料损伤。

【任务实施】

第 1 步：使用 Fritzing 软件设计和绘制电路设计图，如图 4-14 所示。根据电路设计图，完成 Arduino UNO 开发板及其他电子元件的硬件连接。

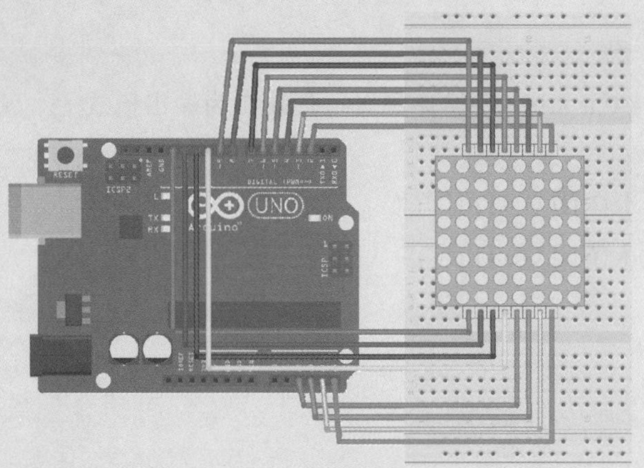

图 4-14　任务 4-3 电路设计图

第 2 步：创建 Arduino 程序“demo_4_3”。程序代码如下：

```
int R[] = {2,7,A5,5,13,A4,12,A2}; //行
int C[] = {6,11,10,3,A3,4,8,9};         //列
unsigned char biglove[8][8] =         //大“心形”图案的数据数组
```

```
{
   0,0,0,0,0,0,0,0,
   0,1,1,0,0,1,1,0,
   1,1,1,1,1,1,1,1,
   1,1,1,1,1,1,1,1,
   1,1,1,1,1,1,1,1,
   0,1,1,1,1,1,1,0,
   0,0,1,1,1,1,0,0,
   0,0,0,1,1,0,0,0,
};
unsigned char smalllove[8][8] =        //小“心形”图案的数据数组
{
   0,0,0,0,0,0,0,0,
   0,0,0,0,0,0,0,0,
   0,0,1,0,0,1,0,0,
   0,1,1,1,1,1,1,0,
   0,1,1,1,1,1,1,0,
   0,0,1,1,1,1,0,0,
   0,0,0,1,1,0,0,0,
   0,0,0,0,0,0,0,0,
};
void setup()
{
   for(int i = 0;i<8;i++) //循环定义行列端口为输出模式
   {
      pinMode(R[i],OUTPUT);
      pinMode(C[i],OUTPUT);
   }
}
void loop()
{
   for(int i = 0 ; i < 100 ; i++)    //循环显示 100 次
   {
      Display(biglove); //显示大“心形”
   }
   for(int i = 0 ; i < 50 ; i++)    //循环显示 50 次
   {
```

```
    Display(smalllove); //显示小“心形”
  }
}
void Display(unsigned char dat[8][8])     //显示函数
{
  for(int c = 0; c<8;c++)
  {
    digitalWrite(C[c],LOW);//选通第 c 列
    for(int r = 0;r<8;r++) //循环
    {
      digitalWrite(R[r],dat[r][c]);
    }
    delay(1);
    Clear();
  }
}
void Clear()    //清空显示
{
  for(int i = 0;i<8;i++)   {
    digitalWrite(R[i],LOW);
    digitalWrite(C[i],HIGH);
  }
}
```

第 3 步：编译并上传程序至开发板，查看运行情况，如图 4-15 所示。

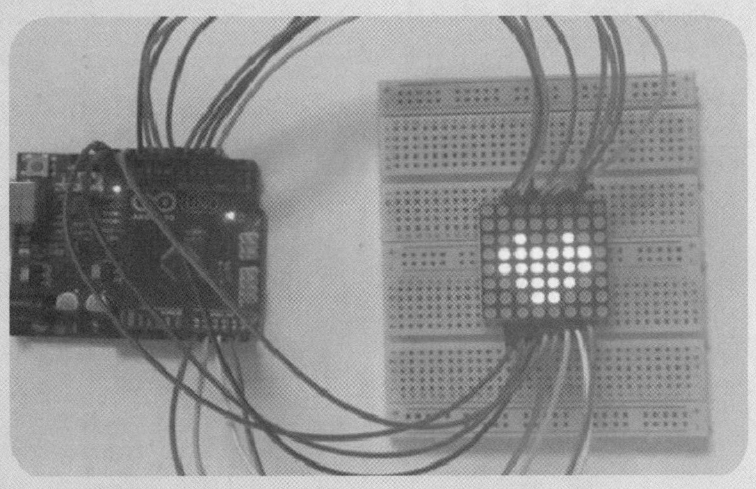

图 4-15　任务 4-3 运行效果

【技术知识】

8×8 点阵 LED:

8×8 点阵 LED 是一种显示模块，点阵结构及外形如图 4-16 所示。8×8 点阵共由 64 个发光二极管组成，且每个发光二极管是放置在行线和列线的交叉点上，当对应的某一行置 1 电平，某一列置 0 电平，则相应的二极管就亮；如要将第一个点点亮，则 9 脚接高电平 13 脚接低电平，则第一个点就亮了；如果要将第一行点亮，则第 9 脚要接高电平，而（13、3、4、10、6、11、15、16）这些引脚接低电平，那么第一行就会点亮；如要将第一列点亮，则第 13 脚接低电平，而（9、14、8、12、1、7、2、5）接高电平，那么第一列就会点亮。

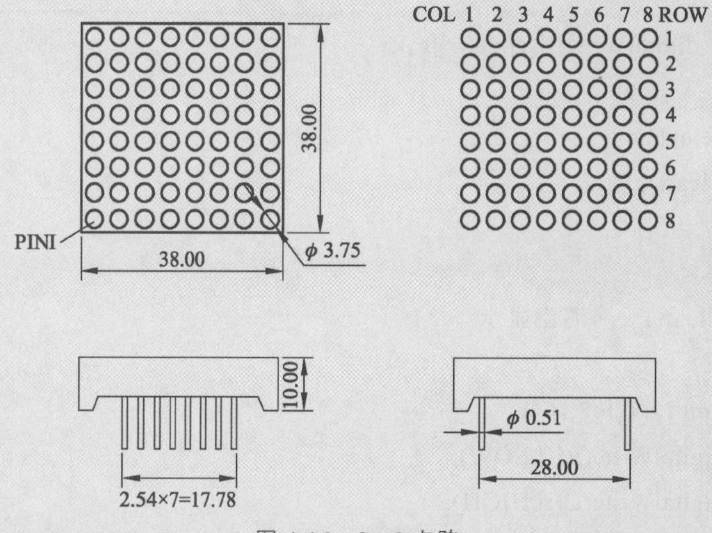

图 4-16　8×8 点阵

【工作拓展】

使用 Arduino Uno 控制 8×8 点阵 LED 显示“祝大家节日快乐”，如图 4-17 所示。

图 4-17　任务 4-3 工作拓展

【考核评价】

1．任务考核

表 4-9　任务 4-3 考核表

考核内容		考核评分		
项目	内　容	配分	得分	批注
工作准备（30%）	能够正确理解工作任务 4-3 内容、范围及工作指令	10		
	能够查阅和理解技术手册，确认 Arduino UNO 开发板技术标准及要求	5		
	使用个人防护用品或衣着适当，能正确使用防护用品	5		
	准备工作场地及器材，能够识别工作场所的安全隐患	5		
	确认设备及工具量具，检查其是否安全及正常工作	5		
实施程序（50%）	正确辨识工作任务所需的 Arduino UNO 开发板	10		
	正确检查 Arduino UNO 开发板有无损坏或异常	10		
	正确选择 USB 数据线	10		
	正确选用工具进行规范操作，完成装置安装、调试和维护	10		
	安全无事故并在规定时间内完成任务	10		
完工清理（20%）	收集和储存可以再利用的原材料、余料	5		
	遵循维护工作程序清洁垃圾、清洁和整理工作区域	5		
	对工具、设备及开发板进行清洁	5		
	按照工作程序，填写完成作业单	5		
考核评语	考核人员：　　　　日期：　　年　月　日	考核成绩		

2．任务评价

表 4-10　任务 4-3 评价表

评价项目	评价内容	评价成绩	备注
工作准备	任务领会、资讯查询、器材准备	□A □B □C □D □E	
知识储备	系统认知、原理分析、技术参数	□A □B □C □D □E	
计划决策	任务分析、任务流程、实施方案	□A □B □C □D □E	
任务实施	专业能力、沟通能力、实施结果	□A □B □C □D □E	
职业道德	纪律素养、安全卫生、器材维护	□A □B □C □D □E	
其他评价			
导师签字：	日期：	年　月　日	

注：在选项“□”里打“√”，其中 A：90～100；B：80～89；C：70～79；D：60～69；E：不合格。

任务 4-4　LCD 液晶屏模块显示编程

项目 4 操作视频

【任务要求】

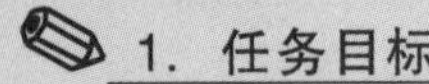

1. 任务目标

使用 Arduino UNO 开发板编程实现对液晶屏 LCD1602 的显示控制。

2. 任务描述

LCD1602 是一种工业字符型液晶显示屏，能够同时显示 16×2 即 32 个字符。LCD1602 液晶屏的显示原理是利用液晶的物理特性，通过电压对其显示区域进行控制，从而显示出图形。本次任务讲授使用 Arduino UNO 开发板编程实现对液晶屏 LCD1602 的内容显示控制。

3. 任务分析

LCD1602 显示屏与 Arduino UNO 开发板的连线方式有 2 种：一是将液晶屏的引脚直接与 Arduino UNO 开发板的数字端口相连；二是通过转接板采用 I2C 接口方式与 Arduino UNO 开发板相连。本次任务先介绍直接与 Arduino UNO 开发板相连的电路连接方式，电路设计如图 4-18 所示。

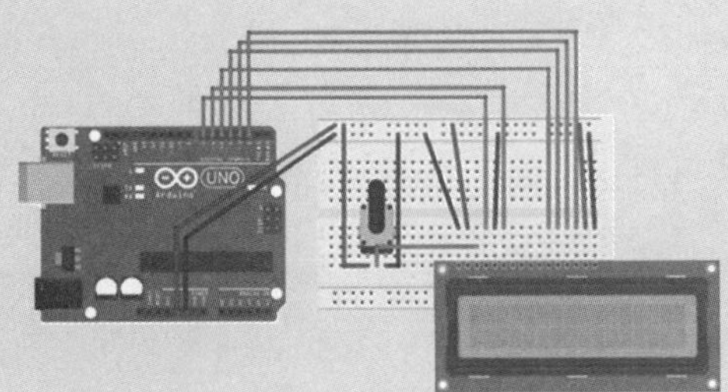

图 4-18　任务 4-4 电路原理图

【工作准备】

1．材料准备

本次任务所需电子元件材料如表 4-11 所示。

表 4-11　任务 4-4 电子元件材料清单

序号	元件名称	规格	数量
1	开发板	Arduino UNO	1 个
2	数据线	USB	1 条
3	面包板	MB-102	1 个
4	液晶屏	LCD1602	1 个
5	电位器	B10K	1 个
6	跳线	针脚	若干

2．注意事项

（1）作业前请检查是否穿戴好防护装备（护目镜、防静电手套等）。

（2）检查电源及设备材料是否齐备、安全可靠。

（3）检查开发板、LCD1602 模块、电位器有无损坏或异常。

（4）作业时要注意摆放好设备材料，避免伤人或造成设备材料损伤。

【任务实施】

第 1 步：使用 Fritzing 软件设计和绘制电路设计图，如图 4-19 所示。根据电路设计图，完成 Arduino UNO 开发板及其他电子元件的硬件连接。

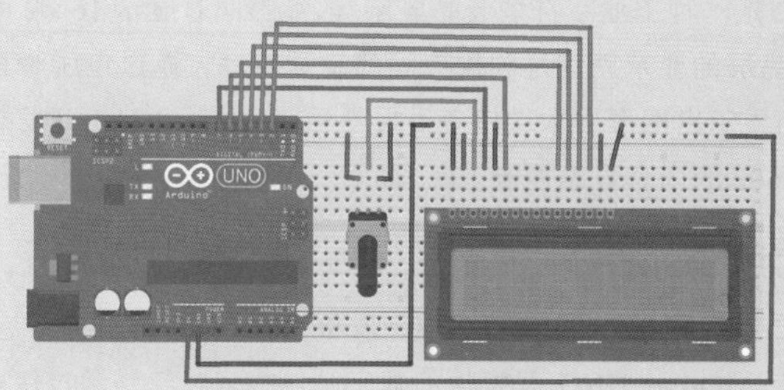

图 4-19　任务 4-4 电路设计

第 2 步：创建 Arduino 程序“demo_4_4”。程序代码如下：

```
int LCD1602_RS = 7;
int LCD1602_EN = 6;
int DB[4] = { 2, 3, 4, 5};
/*
 * LCD 写指令
 */
void LCD_Command_Write(int command)
{
  int i, temp;
  digitalWrite( LCD1602_RS, LOW);
  digitalWrite( LCD1602_EN, LOW);
  temp = command & 0xf0;
  for (i = DB[0]; i <= 5; i++)
  {
    digitalWrite(i, temp & 0x80);
    temp <<= 1;
  }
  digitalWrite( LCD1602_EN, HIGH);
```

```
    delayMicroseconds(1);
    digitalWrite( LCD1602_EN, LOW);
    temp = (command & 0x0f) << 4;
    for (i = DB[0]; i <= 5; i++)
    {
        digitalWrite(i, temp & 0x80);
        temp <<= 1;
    }
    digitalWrite( LCD1602_EN, HIGH);
    delayMicroseconds(1);
    digitalWrite( LCD1602_EN, LOW);
}
/*
 * LCD 写数据
 */
void LCD_Data_Write(int dat)
{
    int i = 0, temp;
    digitalWrite( LCD1602_RS, HIGH);
    digitalWrite( LCD1602_EN, LOW);
    temp = dat & 0xf0;
    for (i = DB[0]; i <= 5; i++)
    {
        digitalWrite(i, temp & 0x80);
        temp <<= 1;
    }
    digitalWrite( LCD1602_EN, HIGH);
    delayMicroseconds(1);
    digitalWrite( LCD1602_EN, LOW);
    temp = (dat & 0x0f) << 4;
    for (i = DB[0]; i <= 5; i++)
    {
        digitalWrite(i, temp & 0x80);
        temp <<= 1;
    }
    digitalWrite( LCD1602_EN, HIGH);
    delayMicroseconds(1);
```

```
    digitalWrite( LCD1602_EN, LOW);
}
/*
 * LCD 设置光标位置
 */
void LCD_SET_XY( int x, int y )
{
    int address;
    if (y == 0)      address = 0x80 + x;
    else             address = 0xC0 + x;
    LCD_Command_Write(address);
}
/*
 * LCD 写一个字符
 */
void LCD_Write_Char( int x, int y, int dat)
{
    LCD_SET_XY( x, y );
    LCD_Data_Write(dat);
}

/*
 * LCD 写字符串
 */
void LCD_Write_String(int X, int Y, char *s)
{
    LCD_SET_XY( X, Y );      //设置地址
    while (*s)               //写字符串
    {
        LCD_Data_Write(*s);
        s ++;
    }
}
void setup (void)
{
    int i = 0;
    for (i = 2; i <= 7; i++)
```

```
    {
      pinMode(i, OUTPUT);
    }
    delay(100);
    LCD_Command_Write(0x28);//显示模式设置 4 线 2 行 5x7
    delay(50);
    LCD_Command_Write(0x06);//显示光标移动设置
    delay(50);
    LCD_Command_Write(0x0c);//显示开及光标设置
    delay(50);
    LCD_Command_Write(0x80);//设置数据地址指针
    delay(50);
    LCD_Command_Write(0x01);//显示清屏
    delay(50);
}
void loop (void)
{
    LCD_Write_String(0, 0, "Good Good Study!");
    LCD_Write_String(0, 1, "----LiuGuoCheng.");
}
```

第 3 步：编译并上传程序至开发板，查看运行情况，如图 4-20 所示。

图 4-20　任务 4-4 运行效果

【技术知识】

1．液晶屏 LCD1602

1602 液晶屏（1602 Liquid Crystal Display，简称 1602 LCD）是一种常见的字符液晶显示器，因其能显示 16×2 个字符而得名。LCD1602 液晶显示的原理是利用液晶的物理特性，通过电压对其显示区域进行控制，即可以显示出图形。

图 4-13　LCD1602

2．LCD1602 引脚说明

LCD1602 引脚说明如表 4-12 所示。

表 4-12　LCD1602 引脚说明

引脚	符号	说明
1	GND	接地
2	VCC	5 V 正极
3	V0	对比度调整，接正极时对比度最弱
4	RS	寄存器选择，1 数据寄存器（DR），0 指令寄存器（IR）
5	R/W	读写选择，1 度，0 写
6	EN	使能（enable）端，高电平读取信息，负跳变时执行指令
7 ~ 14	D0 ~ D7	8 位双向数据
15	BLA	背光正极
16	BLK	背光负极

【工作拓展】

使用 I2C 接口的 LCD1602 显示模块，如图 4-22 所示，引脚接线说明如表 4-13 所示。采用 I2C 的方式与 Arduino UNO 开发板相连，按照图 4-23 所示代码完成程序编写并上传，查看运行结果。

图 4-22　任务 4-4 工作拓展

表 4-13　I2C 引脚接线说明

序号	I2C 引脚	与 UNO 接线说明
1	GND	接地
2	VCC	5 V 正极
3	SDA	12C 数据线，接 A4
4	SCL	12C 时钟线，接 A5

lcd1602i2cdemo

```
#include <Wire.h>
#include <LiquidCrystal_I2C.h> //引用I2C库

//设置LCD1602设备地址，这里的地址是0x3F，一般是0x20，或者0x27
LiquidCrystal_I2C lcd(0x3F,16,2);

void setup(){
  lcd.init();         // 初始化LCD
  lcd.backlight();  //设置LCD背景等亮
}

void loop(){
  lcd.setCursor(0,0);               //设置显示指针,第1列第1行
  lcd.print("Hello! Everyone."); //输出字符到LCD1602上
  lcd.setCursor(0,1);               //设置显示指针,第1列第2行
  lcd.print("Welcome to Uno.");
}
```

图 4-23　任务 4-4 工作拓展程序

【考核评价】

1．任务考核

表 4-14　任务 4-4 考核表

考核内容		考核评分		
项目	内　容	配分	得分	批注
工作准备（30%）	能够正确理解工作任务 4-4 内容、范围及工作指令	10		
	能够查阅和理解技术手册，确认 Arduino UNO 开发板技术标准及要求	5		
	使用个人防护用品或衣着适当，能正确使用防护用品	5		
	准备工作场地及器材，能够识别工作场所的安全隐患	5		
	确认设备及工具量具，检查其是否安全及正常工作	5		
实施程序（50%）	正确辨识工作任务所需的 Arduino UNO 开发板	10		
	正确检查 Arduino UNO 开发板有无损坏或异常	10		
	正确选择 USB 数据线	10		
	正确选用工具进行规范操作，完成装置安装、调试和维护	10		
	安全无事故并在规定时间内完成任务	10		
完工清理（20%）	收集和储存可以再利用的原材料、余料	5		
	遵循维护工作程序清洁垃圾、清洁和整理工作区域	5		
	对工具、设备及开发板进行清洁	5		
	按照工作程序，填写完成作业单	5		
考核评语	考核人员：　　　　日期：　　年　月　日	考核成绩		

2. 任务评价

表 4-15 任务 4-4 评价表

评价项目	评价内容	评价成绩	备注
工作准备	任务领会、资讯查询、器材准备	□A □B □C □D □E	
知识储备	系统认知、原理分析、技术参数	□A □B □C □D □E	
计划决策	任务分析、任务流程、实施方案	□A □B □C □D □E	
任务实施	专业能力、沟通能力、实施结果	□A □B □C □D □E	
职业道德	纪律素养、安全卫生、器材维护	□A □B □C □D □E	
其他评价			
导师签字：	日期：	年 月 日	

注：在选项“□”里打“√”，其中 A：90～100；B：80～89；C：70～79；D：60～69；E：不合格。

任务 4-5 OLED 屏模块显示编程

项目 4 操作视频

【任务要求】

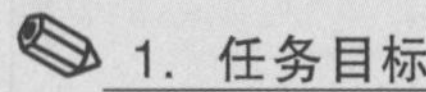

1. 任务目标

使用 Arduino UNO 开发板编程实现对 OLED 显示屏的内容显示。

2. 任务描述

OLED 显示屏是有机发光二极管（Organic Light-Emitting Diode，OLED）的简称，如图 4-24 所示。由于它具备有自发光，不需背光源、对比度高、厚度薄、视角广、反应速度快、可用于挠曲性面板、使用温度范围广、构造及制程较简单等优异特性，被认为是下一代的平面显示器新兴应用技术。

本次任务将使用 Arduino UNO 开发板编程实现对 OLED 显示屏的内容显示控制。

图 4-24 OLED 显示屏

3. 任务分析

OLED 显示屏模块是通过 I2C 接口方式与 Arduino UNO 开发板进行通信的。其中 OLED 显示屏的 SCL、SDA 引脚分别接到 Arduino UNO 开发板的 SCL 和 SDA 引脚。OLED 显示屏的显示内容由 Arduino UNO 开发板编程实现，电路原理如图 4-25 所示。

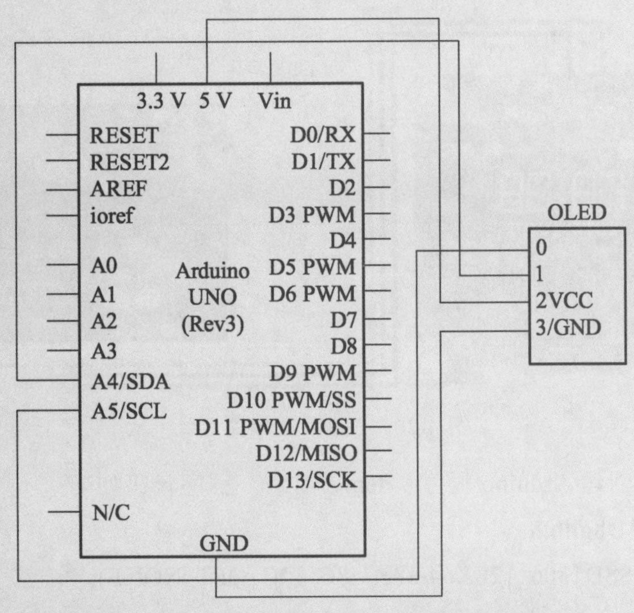

图 4-25　任务 4-5 电路原理图

【工作准备】

1．材料准备

本次任务所需电子元件材料如表 4-16 所示。

表 4-16　任务 4-5 电子元件材料清单

序号	元件名称	规格	数量
1	开发板	Arduino UNO	1 个
2	数据线	USB	1 条
3	面包板	MB-102	1 个
4	显示屏	OLED	1 个
6	杜邦线	公对母	若干

2．注意事项

（1）作业前请检查是否穿戴好防护装备（护目镜、防静电手套等）。

（2）检查电源及设备材料是否齐备、安全可靠。

（3）检查开发板、OLED 显示屏模块有无损坏或异常。

（4）作业时要注意摆放好设备材料，避免伤人或造成设备材料损伤。

【任务实施】

第 1 步：如图 4-26 所示完成 Arduino UNO 开发板及 OLED 显示屏的硬件连接。

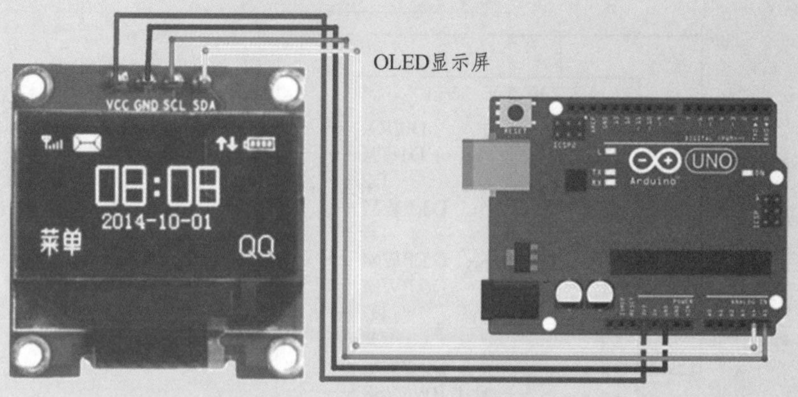

图 4-26　任务 4-4 电路设计

第 2 步：创建 Arduino 程序“demo_4_5”。程序代码如下：

```
#include <U8glib.h>
U8GLIB_SSD1306_128X64 u8g(U8G_I2C_OPT_NONE);
void setup(){
  if ( u8g.getMode() == U8G_MODE_R3G3B2 )
    u8g.setColorIndex(255);
  else if ( u8g.getMode() == U8G_MODE_GRAY2BIT )
    u8g.setColorIndex(3);
  else if ( u8g.getMode() == U8G_MODE_BW )
    u8g.setColorIndex(1);
  Serial.begin(9600);
  u8g.setFont(u8g_font_6x10);
  u8g.setFontRefHeightExtendedText();
  u8g.setDefaultForegroundColor();
  u8g.setFontPosTop();
}
void loop(){
  u8g.firstPage();
  do {
    u8g.drawStr(0,0,"hello world!");
  } while( u8g.nextPage() );
  delay(500);
}
```

第 3 步：编译并上传程序至开发板，查看运行情况，如图 4-27 所示。

图 4-27　任务 4-4 运行效果

【技术知识】

1．OLED

OLED，即有机发光二极管，是一种高对比度和高分辨率的显示屏，如图 4-28 所示。这种显示器可以由自身创建背光，使用户易于阅读，这也使得它们比一般的 LCD 更清晰、更平滑。小型 OLED 显示屏模块在电子设备中非常有用。简单的布线和高可读性使得 OLED 显示器非常适用于小型电子产品的数据显示，甚至包括一些简单图像。小型 OLED 显示屏种类较多，拥有不同分辨率、不同尺寸和不同颜色。可以根据电子产品项目，进行选择。同时 OLED 显示屏还拥有 SPI 或 I2C 接口方式模块可供选择。屏幕显示也有单色、双色和 16 位全彩色可供选择使用，因此已成为目前嵌入式系统电子产品的常用显示屏。本次任务，我们选择使用的是带有 SSD1306 驱动器、兼容 Arduino UNO 开发板的 128 × 64、0.96 英寸（1 英寸 = 2.54 cm）I2C 接口的 OLED 显示屏，如图 4-28 所示。

图 4-28　OLED 显示屏

2．OLED 点阵图

点阵图也叫栅格图像、像素图，简单地说，就是最小显示单位是由像素构成的图，缩放会失真。点阵图构成位图的最小单位是像素，位图就是由像素阵列的排列来实现其显示效果的，每个像素有自己的颜色信息，在对位图图像进行编辑操作的时候，可操作的对象是每个像素，我们可以改变图像的色相、饱和度、明度，从而改变图像的显示效果。举个例子来说，位图图像就好比在巨大的沙盘上画好的画，当你从远处看的时候，画面细腻多彩，但是当你靠得非常近的时候，你就能看到组成画面的每粒沙子以及每个沙粒单纯的不可变化颜色。

OLED 其实就是一个 $M \times N$ 的像素点阵，想显示什么就得把具体位置的像素点亮起来。对于每一个像素点，有可能是 1 点亮，也有可能是 0 点亮。

3．OLED 坐标系

坐标系，是理科常用辅助方法，常见有直线坐标系、平面直角坐标系。为了说明质点的位置、运动的快慢、方向等，必须选取其坐标系。在参照系中，为确定空间一点的位置，按规定方法选取的有次序的一组数据，这就叫作“坐标”。在某一问题中规定坐标的方法，就是该问题所用的坐标系。坐标系的种类很多，有笛卡尔直角坐标系、平面极坐标系、柱面坐标系（或称柱坐标系）和球面坐标系（或称球坐标系）等。常用的坐标系为直角坐标系，或称为正交坐标系。

OLED 坐标系使用直角坐标系，左上角是原点，向右是 X 轴，向下是 Y 轴，如图 4-29 所示。

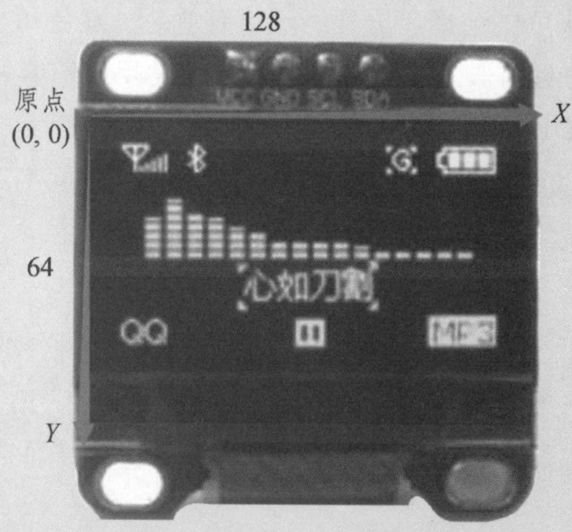

图 4-29　OLED 坐标系

【工作拓展】

使用 Arduino UNO 开发板编程实现 OLED 屏显示汉字，如图 4-30 所示。

图 4-30　任务 4-5 工作拓展

【考核评价】

1．任务考核

表 4-17　任务 4-5 考核表

考核内容		考核评分		
项目	内　容	配分	得分	批注
工作准备（30%）	能够正确理解工作任务 4-5 内容、范围及工作指令	10		
	能够查阅和理解技术手册，确认 Arduino UNO 开发板技术标准及要求	5		
	使用个人防护用品或衣着适当，能正确使用防护用品	5		
	准备工作场地及器材，能够识别工作场所的安全隐患	5		
	确认设备及工具量具，检查其是否安全及正常工作	5		
实施程序（50%）	正确辨识工作任务所需的 Arduino UNO 开发板	10		
	正确检查 Arduino UNO 开发板有无损坏或异常	10		
	正确选择 USB 数据线	10		
	正确选用工具进行规范操作，完成装置安装、调试和维护	10		
	安全无事故并在规定时间内完成任务	10		
完工清理（20%）	收集和储存可以再利用的原材料、余料	5		
	遵循维护工作程序清洁垃圾、清洁和整理工作区域	5		
	对工具、设备及开发板进行清洁	5		
	按照工作程序，填写完成作业单	5		
考核评语	考核人员：　　　　日期：　　年　月　日	考核成绩		

2．任务评价

表 4-18　任务 4-5 评价表

评价项目	评价内容	评价成绩	备注
工作准备	任务领会、资讯查询、器材准备	□A □B □C □D □E	
知识储备	系统认知、原理分析、技术参数	□A □B □C □D □E	
计划决策	任务分析、任务流程、实施方案	□A □B □C □D □E	
任务实施	专业能力、沟通能力、实施结果	□A □B □C □D □E	
职业道德	纪律素养、安全卫生、器材维护	□A □B □C □D □E	
其他评价			
导师签字：		日期：	年　月　日

注：在选项“□”里打“√”，其中 A：90～100；B：80～89；C：70～79；D：60～69；E：不合格。

项目小结

本项目介绍了 Arduino 常用显示元件，如一位数码管、四位数码管、8×8 点阵、LCD1602、OLED 显示屏等模块的使用，并重点介绍了使用 Arduino UNO 开发板控制这些显示模块的电路设计、硬件连接、程序编码及调试运行方法。

项目要点：熟练掌握一位数码管、四位数码管、8×8 点阵、LCD1602、OLED 显示屏等模块的应用。熟练掌握 Arduino UNO 开发板控制这些显示元件的电路设计和内容显示，以及程序设计方法与技巧。

项目评价

在本项目教学和实施过程中，教师和学生可以根据以下项目考核评价表对各项任务进行考核评价。考核主要针对学生在技术知识、任务实施（技能情况）、拓展任务（实战训练）的掌握程度和完成效果进行评价。

表 4-19　项目 4 评价表

<table>
<tr><th rowspan="3">工作任务</th><th colspan="10">评价内容</th></tr>
<tr><th colspan="2">技术知识</th><th colspan="2">任务实施</th><th colspan="2">拓展任务</th><th colspan="2">完成效果</th><th colspan="2">总体评价</th></tr>
<tr><th>个人评价</th><th>教师评价</th><th>个人评价</th><th>教师评价</th><th>个人评价</th><th>教师评价</th><th>个人评价</th><th>教师评价</th><th>个人评价</th><th>教师评价</th></tr>
<tr><td>任务 4-1</td><td></td><td></td><td></td><td></td><td></td><td></td><td></td><td></td><td></td><td></td></tr>
<tr><td>任务 4-2</td><td></td><td></td><td></td><td></td><td></td><td></td><td></td><td></td><td></td><td></td></tr>
<tr><td>任务 4-3</td><td></td><td></td><td></td><td></td><td></td><td></td><td></td><td></td><td></td><td></td></tr>
<tr><td>任务 4-4</td><td></td><td></td><td></td><td></td><td></td><td></td><td></td><td></td><td></td><td></td></tr>
<tr><td>任务 4-5</td><td></td><td></td><td></td><td></td><td></td><td></td><td></td><td></td><td></td><td></td></tr>
<tr><td>存在问题与解决办法（应对策略）</td><td colspan="10"></td></tr>
</table>

续表

学习心得与体会分享	

实训与讨论

一、实训题

1. 使用 Arduino UNO 开发板、LCD1602 和 4×4 矩阵键盘设计制作一个计算器。

2. 使用 Arduino UNO 开发板和 OLED 屏显示二维码图案。

二、讨论题

1. 举几个自己遇到的数码管应用实例，并说明它们的用途。

2. 比较 LCD1602 液晶屏和 OLED 显示屏各自的优点与不足。

项目 5 嵌入式系统传感器件原理与应用

项目 5 PPT

知识目标

- 认识温度、温湿度、火焰、水位、气体、气压、超声波、粉尘等传感器模块。
- 了解温度、温湿度、火焰、水位、气体、气压、超声波、粉尘等传感器的应用。
- 掌握温度、温湿度、火焰、水位、气体、气压、超声波、粉尘等传感器技术的应用方法和技巧。

技能目标

- 懂温度、温湿度、火焰、水位、气体、气压、超声波、粉尘等传感器模块的使用。
- 会使用 Arduino UNO 开发板编程采集温度、温湿度、火焰、水位、气体、气压、超声波、粉尘等传感器的数据。
- 能应用 Arduino UNO 开发板和温度、温湿度、火焰、水位、气体、气压、超声波、粉尘等传感器开发相应的数据采集装置。

工作任务

- 任务 5-1　温度传感器应用
- 任务 5-2　温湿度传感器应用
- 任务 5-3　火焰传感器应用
- 任务 5-4　水位传感器应用
- 任务 5-5　气体传感器应用
- 任务 5-6　气压传感器应用
- 任务 5-7　超声波传感器应用
- 任务 5-8　粉尘传感器应用

任务 5-1　温度传感器应用

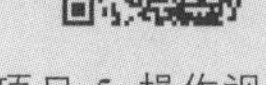

【任务要求】

1．任务目标

使用 Arduino UNO 开发板制作一个简易的温度实时监测仪。

2．任务描述

温度检测在生活中经常会看到，无论是在家居中，还是在工作场所中，都会普遍使用。本次任务教大家设计和制作一款简易的实时温度监测仪，让大家对温度检测的电路设计思路与制作方法有一定的认识和了解。

3．任务分析

本次任务将采用 LM35 温度传感器来实现对环境温度数据的采集和输出。电路原理如图 5-1 所示。

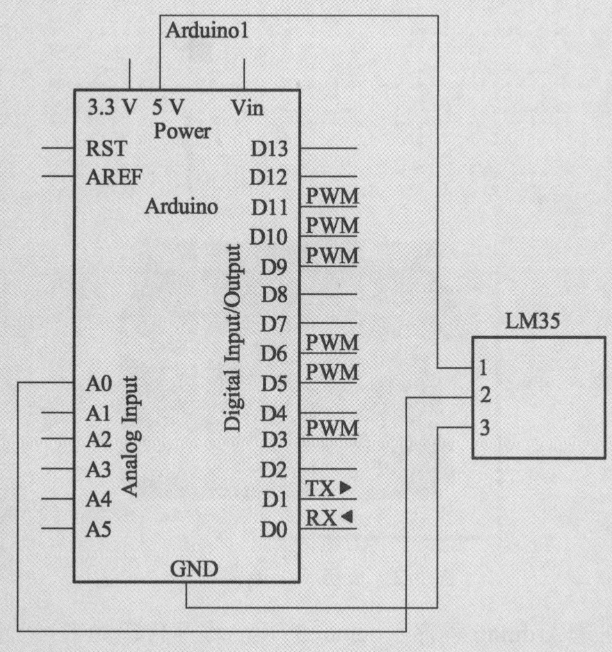

图 5-1　任务 5-1 电路原理

【工作准备】

1．材料准备

本次任务所需电子元件材料如表 5-1 所示。

表 5-1　任务 5-1 电子元件材料清单

序号	元件名称	规格	数量
1	开发板	Arduino UNO	1 个
2	数据线	USB	1 条
3	温度传感器	LM35	1 个
4	跳线	针脚	若干

2．注意事项

（1）作业前请检查是否穿戴好防护装备（护目镜、防静电手套等）。

（2）检查电源及设备材料是否齐备、安全可靠。

（3）检查开发板、LM35 模块有无损坏或异常。

（4）作业时要注意摆放好设备材料，避免伤人或造成设备材料损伤。

【任务实施】

第 1 步：使用 Fritzing 软件设计并绘制电路设计图，如图 5-2 所示。根据电路设计图，完成 Arduino UNO 开发板与其他电子元件的硬件连接。

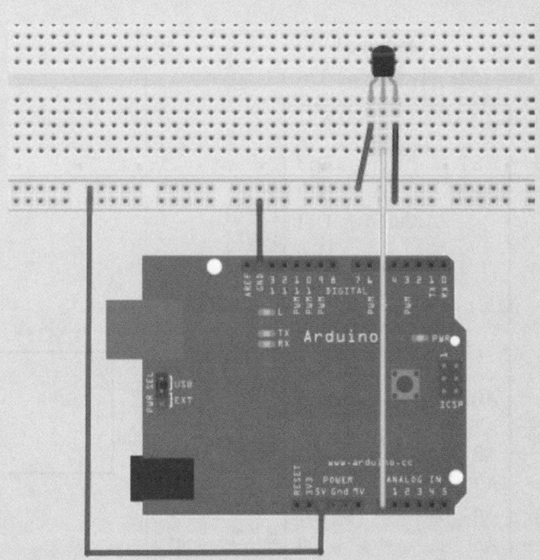

图 5-2　任务 5-1 电路设计

第 2 步：创建 Arduino 程序“demo_5_1”。程序代码如下：

```
int value;
int tValue;
void setup() {
  Serial.begin(9600);
}
void loop() {
```

```
    value = analogRead(A0);
    Serial.print("value for A0:");
    Serial.println(value);
    tValue = 500*value/1024;
    Serial.print("tValue:");
    Serial.println(tValue);
    delay(1000);
}
```

第 3 步：编译并上传程序至开发板，查看运行效果，如图 5-3 所示。

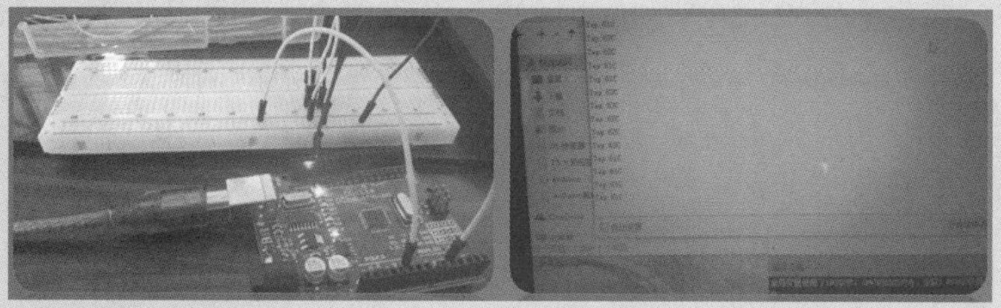

图 5-3　任务 5-1 运行效果

【技术知识】

1．温度传感器 LM35

LM35 是由 National Semiconductor 所生产的温度传感器，其输出电压为摄氏温标，如图 5-4 所示。LM35 是一种得到广泛使用的温度传感器。由于它采用内部补偿，所以输出可以从 0 °C 开始。LM35 有多种不同封装形式。在常温下，LM35 不需要额外的校准处理即可达到 ± 1/4 °C 的准确率。

图 5-4　温度传感器 LM35

2．温度传感器 LM35 引脚说明

温度传感器 LM35 的电源供应模式有单电源与正负双电源两种，其引脚如图 5-5 所示，正负双电源的供电模式可提供负温度的测量。在静止温度中自热效应低(0.08 °C), 单电源模式在 25 °C 下静止电流约 50 μA, 工作电压较宽，可在 4 ~ 20 V 的供电电压范围内正常工作非常省电。

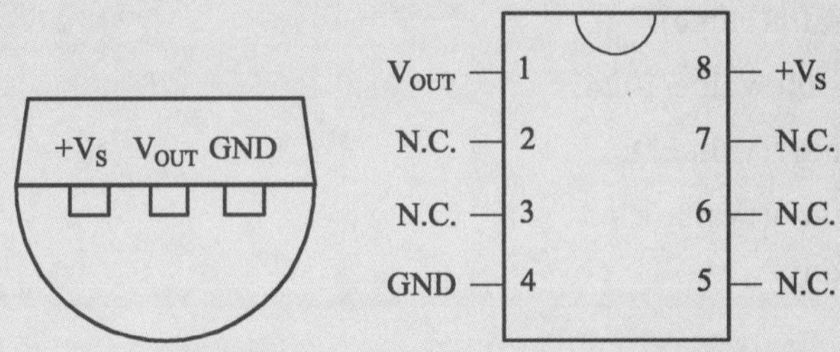

图 5-5　温度传感器 LM35 引脚

LM35 工作电压 4 ~ 30 V，在上述电压范围以内，芯片从电源吸收的电流几乎是不变的（约 50 μ A），所以芯片自身几乎没有散热的问题。这么小的电流也使得该芯片在某些应用中特别适合，比如在电池供电的场合中，输出可以由第三个引脚取出，根本无须校准。

【工作拓展】

使用 Anduino UNO 开发板和温度传感器 LM35 实现温度检测装置的制作，如图 5-6 所示。

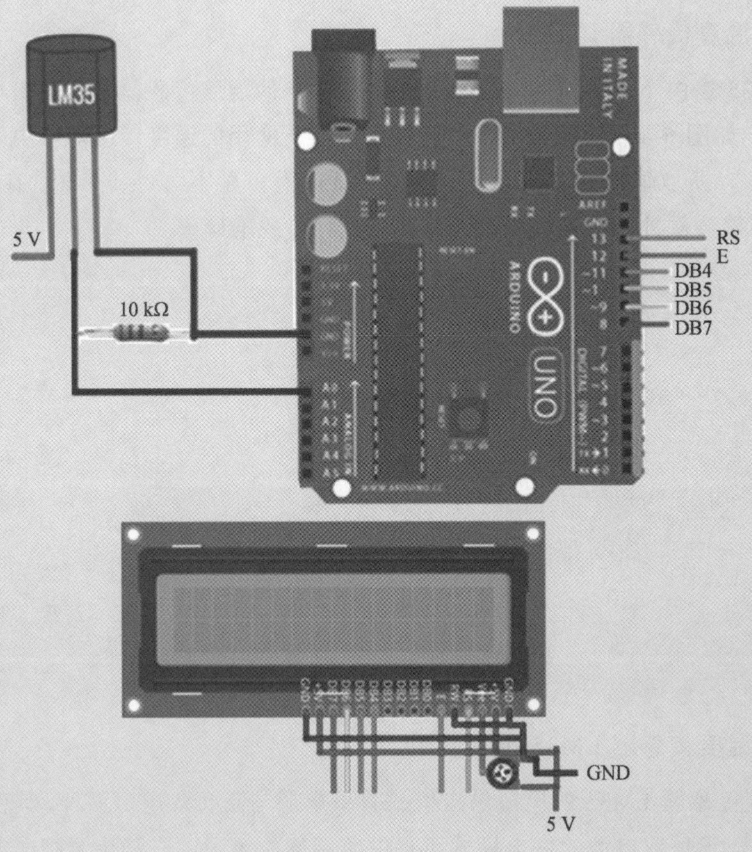

图 5-6　任务 5-1 工作拓展

【考核评价】

1．任务考核

表 5-2　任务 5-1 考核表

考核内容		考核评分		
项目	内　容	配分	得分	批注
工作准备（30%）	能够正确理解工作任务 5-1 内容、范围及工作指令	10		
	能够查阅和理解技术手册，确认 Arduino UNO 开发板技术标准及要求	5		
	使用个人防护用品或衣着适当，能正确使用防护用品	5		
	准备工作场地及器材，能够识别工作场所的安全隐患	5		
	确认设备及工具量具，检查其是否安全及正常工作	5		
实施程序（50%）	正确辨识工作任务所需的 Arduino UNO 开发板	10		
	正确检查 Arduino UNO 开发板有无损坏或异常	10		
	正确选择 USB 数据线	10		
	正确选用工具进行规范操作，完成装置安装、调试和维护	10		
	安全无事故并在规定时间内完成任务	10		
完工清理（20%）	收集和储存可以再利用的原材料、余料	5		
	遵循维护工作程序清洁垃圾、清洁和整理工作区域	5		
	对工具、设备及开发板进行清洁	5		
	按照工作程序，填写完成作业单	5		
考核评语	考核人员：　　　　日期：　　年　月　日	考核成绩		

2．任务评价

表 5-3　任务 5-1 评价表

评价项目	评价内容	评价成绩	备注
工作准备	任务领会、资讯查询、器材准备	□A □B □C □D □E	
知识储备	系统认知、原理分析、技术参数	□A □B □C □D □E	
计划决策	任务分析、任务流程、实施方案	□A □B □C □D □E	
任务实施	专业能力、沟通能力、实施结果	□A □B □C □D □E	
职业道德	纪律素养、安全卫生、器材维护	□A □B □C □D □E	
其他评价			
导师签字：	日期：	年　月　日	

注：在选项“□”里打“√”，其中 A：90～100；B：80～89；C：70～79；D：60～69；E：不合格。

任务 5-2　温湿度传感器应用

项目 5 操作视频

【任务要求】

1. 任务目标

使用 Arduino UNO 开发板制作一个简易的嵌入式温湿度检测装置。

2. 任务描述

在日常生活中，我们经常会在家中放置一个温湿度计，用以监测室内的温度和湿度。本次任务将用 Arduino UNO 开发板和温湿度传感器制作一个简易的温湿度检测装置。

3. 任务分析

DHT11 数字温湿度传感器是一款含有已校准数字信号输出的温湿度复合传感器。使用时，将 DHT11 的正极与 5 V 电源接口相连，负极与 GND 相连，中间的数据接口与 Arduino UNO 开发板数字端口相连。电路原理如图 5-7 所示。

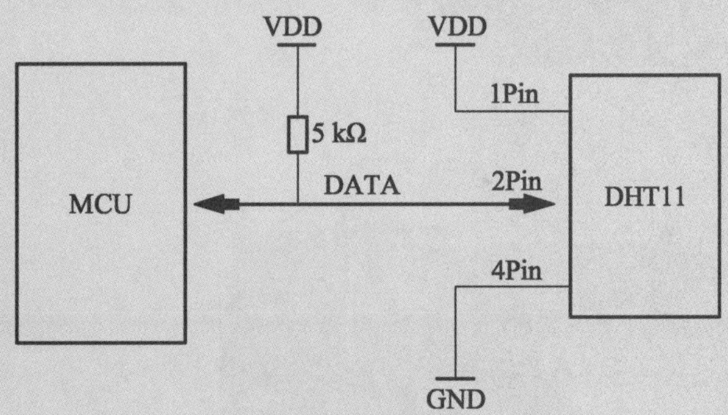

图 5-7　任务 5-2 电路原理图

【工作准备】

1. 材料准备

本次任务所需电子元件材料如表 5-4 所示。

表 5-4　任务 5-2 电子元件材料清单

序号	元件名称	规格	数量
1	开发板	Arduino UNO	1 个
2	数据线	USB	1 条
3	温湿度传感器	DHT11	1 个
4	杜邦线	公对母	若干

2．注意事项

（1）作业前请检查是否穿戴好防护装备（护目镜、防静电手套等）。

（2）检查电源及设备材料是否齐备、安全可靠。

（3）检查开发板、DHT11 模块有无损坏或异常。

（4）作业时要注意摆放好设备材料，避免伤人或造成设备材料损伤。

【任务实施】

第 1 步：使用 Fritzing 软件设计并绘制电路设计图，如图 5-8 所示。根据电路设计图，完成 Arduino Uno 开发板与其他电子元件的硬件连接，如图 5-9 所示。

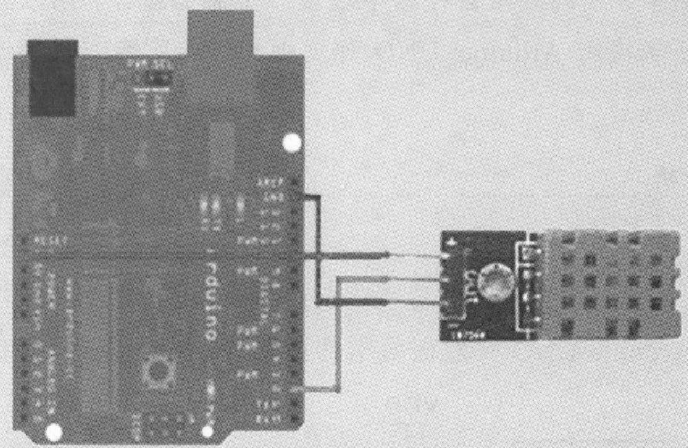

图 5-8　任务 5-2 电路设计

图 5-9　任务 5-2 硬件连接

第 2 步：创建 Arduino 程序“demo_5_2”。程序代码如下：

```
#include <dht11.h>
dht11 DHT11;
int sensorPin = 2;
void setup() {
  Serial.begin(9600);
```

```
}
void loop() {
  DHT11.read(sensorPin);
  Serial.print("Humidity(%):");
  Serial.println((float)DHT11.humidity,2);
  Serial.print("Temperature( C ):");
  Serial.println((float)DHT11.temperature,2);
  delay(1000);
}
```

第 3 步：编译并上传程序至开发板，查看运行效果，如图 5-10 所示。

图 5-10　任务 5-2 运行效果

【技术知识】

1．温湿度传感器 DHT11

温湿度传感器 DHT11 是一款有已校准数字信号输出的温湿度传感器，如图 5-11 所示。其精度湿度 ± 5%RH，温度 ± 2 °C，量程湿度 20% ~ 90%RH，温度 0 ~ 50 °C。

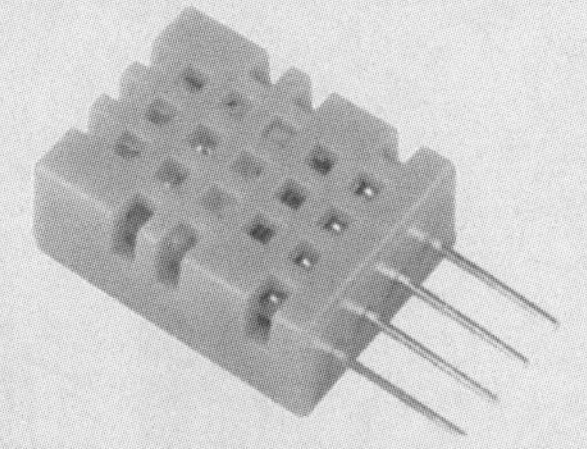

图 5-11　温湿度传感器 DHT11

DHT11 传感器包括一个电阻式感湿元件和一个 NTC 测温元件，具有品质卓越、超快响应、抗干扰能力强、性价比高等优点。DHT11 传感器校准系数以程序的形式存在 OTP 内存中，传感器内部在检测信号的处理过程中要调用这些校准系数。它采用单线制串行接口，使系统集成变得简易快捷。超小的体积、极低的功耗，使其广泛应用于嵌入式电子电路。DHT11 传感器采用 4 针单排引脚封装，连线非常方便，如图 5-12 所示。

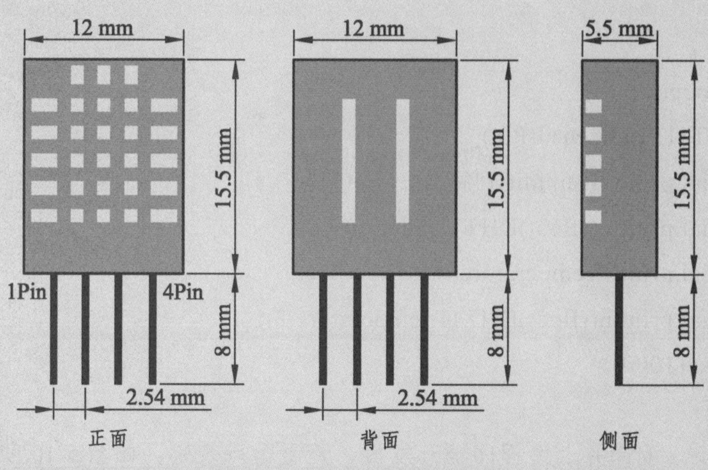

图 5-12　DHT11 封装说明

2．温湿度传感器 DHT11 引脚说明

温湿度传感器 DHT11 引脚说明如表 5-5 所示。

表 5-5　DHT11 引脚说明

引　脚	名　称	注　释
1	VDD	供电 DC 3 ~ 5.5 V
2	DATA	串行数据，单总线
3	NC	空脚，请悬空
4	GND	接地，电源负极

【工作拓展】

使用 Anduino UNO 开发板、DHT11 温湿度传感器、LCD1602 和继电器实现通过温湿度控制风扇开关的自动控制装置，装置电路设计如图 5-13 所示。

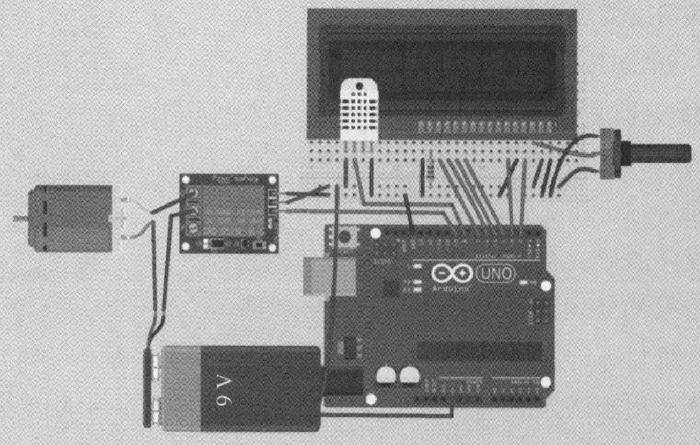

图 5-13　任务 5-2 工作拓展

【考核评价】

1．任务考核

表 5-6　任务 5-2 考核表

考核内容		考核评分		
项目	内　容	配分	得分	批注
工作准备（30%）	能够正确理解工作任务 5-2 内容、范围及工作指令	10		
	能够查阅和理解技术手册，确认 Arduino UNO 开发板技术标准及要求	5		
	使用个人防护用品或衣着适当，能正确使用防护用品	5		
	准备工作场地及器材，能够识别工作场所的安全隐患	5		
	确认设备及工具量具，检查其是否安全及正常工作	5		
实施程序（50%）	正确辨识工作任务所需的 Arduino UNO 开发板	10		
	正确检查 Arduino UNO 开发板有无损坏或异常	10		
	正确选择 USB 数据线	10		
	正确选用工具进行规范操作，完成装置安装、调试和维护	10		
	安全无事故并在规定时间内完成任务	10		
完工清理（20%）	收集和储存可以再利用的原材料、余料	5		
	遵循维护工作程序清洁垃圾、清洁和整理工作区域	5		
	对工具、设备及开发板进行清洁	5		
	按照工作程序，填写完成作业单	5		
考核评语	考核人员：　　日期：　年　月　日	考核成绩		

2．任务评价

表 5-7　任务 5-2 评价表

评价项目	评价内容	评价成绩	备注
工作准备	任务领会、资讯查询、器材准备	□A □B □C □D □E	
知识储备	系统认知、原理分析、技术参数	□A □B □C □D □E	
计划决策	任务分析、任务流程、实施方案	□A □B □C □D □E	
任务实施	专业能力、沟通能力、实施结果	□A □B □C □D □E	
职业道德	纪律素养、安全卫生、器材维护	□A □B □C □D □E	
其他评价			
导师签字：	日期：		年　月　日

注：在选项“□”里打“√”，其中 A：90～100；B：80～89；C：70～79；D：60～69；E：不合格。

任务 5-3　火焰传感器应用

项目 5 操作视频

【任务要求】

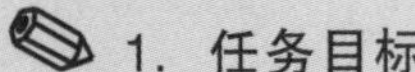

1. 任务目标

使用 Arduino UNO 开发板制作一个简易的嵌入式火焰报警器。

2. 任务描述

在日常工作和生活中，我们经常会看到一些地方会特别的注意防火措施，比如高铁、地铁、造纸厂等，都会配备一些易燃易爆危险品的温度监测和火焰报警装置。本次任务讲授一款简易火焰报警器的设计与制作。模拟在有火焰时，能够及时检测到，并立刻做出预警提示，当没有火焰时则保持监测状态。

火焰传感器利用红外线对火焰非常敏感的特点，使用特制的红外线接收管来检测火焰，然后把火焰的亮度转化为高低变化的电平信号，输入到中央处理器，中央处理器根据信号的变化做出相应的程序处理。

3. 任务分析

本次任务使用火焰传感器采集火焰数据，其中火焰传感器的负极（短脚）接到 5 V 引脚，正极（长脚）连接 10 kΩ 的电阻，电阻的另一端连接 GND。传感器与电阻连接在一起并接入到 Arduino UNO 开发板模拟输入端口 A0。蜂鸣器正极接 Arduino UNO 开发板数字端口 D8，负极接 GND。电路原理如图 5-14 所示。

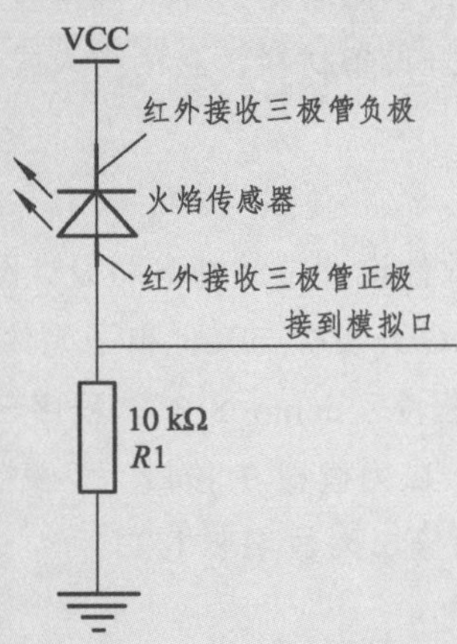

图 5-14　任务 5-4 电路原理图

在有火焰靠近和没有火焰靠近两种情况下，模拟口读到的电压值是有变化的。没有火焰时，电压值为 0.3 V 左右；有火焰时，电压值为 1.0 V 左右，火焰靠近距离越近电压值越大。

火焰判断算法：先存储一个没有火焰时的电压值 i。不断的循环读取模拟口电压值 j、同存储的值做差值 $k = j - i$。差值 k 与 0.6 V 做比较。k 如果大于 0.6 V，则判断有火焰，让蜂鸣器报警；如果 k 小于 0.6 V 则蜂鸣器不响。

【工作准备】

1．材料准备

本次任务所需电子元件材料如表 5-8 所示。

表 5-8　任务 5-3 电子元件材料清单

序号	元件名称	规格	数量
1	开发板	Arduino UNO	1 个
2	数据线	USB	1 条
3	面包板	MB-102	1 个
4	火焰传感器		1 个
5	蜂鸣器	有源或无源	1 个
6	色环电阻	10 kΩ	1 个
7	跳线	针脚	若干

2．注意事项

（1）作业前请检查是否穿戴好防护装备（护目镜、防静电手套等）。

（2）检查电源及设备材料是否齐备、安全可靠。

（3）检查开发板、火焰传感器有无损坏或异常。

（4）作业时要注意摆放好设备材料，避免伤人或造成设备材料损伤。

【任务实施】

第 1 步：使用 Fritzing 软件设计并绘制电路设计图，如图 5-15 所示。根据电路设计图，完成 Arduino UNO 开发板与其他电子元件的硬件连接。

第 2 步：创建 Arduino 程序“demo_5_3”。程序代码如下：

```
int flame=0;//定义火焰接口为模拟 0 接口
int Beep=8;//定义蜂鸣器接口为数字 8 接口
int val=0;//定义数字变量
void setup() {
  pinMode(Beep,OUTPUT);//定义 LED 为输出接口
  pinMode(flame,INPUT);//定义蜂鸣器为输入接口
  Serial.begin(9600);//设定波特率为 9600
}
```

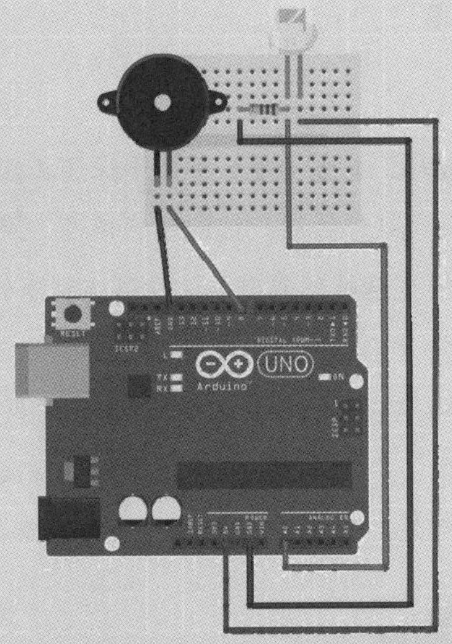

图 5-15 任务 5-4 电路设计

```
void loop() {
  val=analogRead(flame);//读取火焰传感器的模拟值
  Serial.println(val);//输出模拟值,并将其打印出来
  if(val>=600)//当模拟值大于 600 时蜂鸣器鸣响
  {
   digitalWrite(Beep,HIGH);
   }else {
     digitalWrite(Beep,LOW);
    }
   delay(500);
}
```

第 3 步：编译并上传程序至开发板，查看运行效果，如图 5-16 所示。

图 5-16 任务 5-4 运行效果

【技术知识】

1．火焰传感器

火焰传感器（即红外接收三极管）是一种用于探测和响应火焰或火灾的传感器，如图 5-17 所示。其利用红外线对火焰的敏感特性，用特制的红外线接收管来检测火焰，然后将火焰的亮度转化成电平信号供控制器处理。

火焰传感器对检测到的火焰的响应方式取决于加装的设备，可以包括发出警报、停用燃料管线（例如丙烷或天然气管线），以及启动灭火系统。

实际上，火焰检测有很多不同的方法，包括紫外线探测器、近红外阵列探测器、红外（IR）探测器、红外热像仪、紫外/红外探测器等。

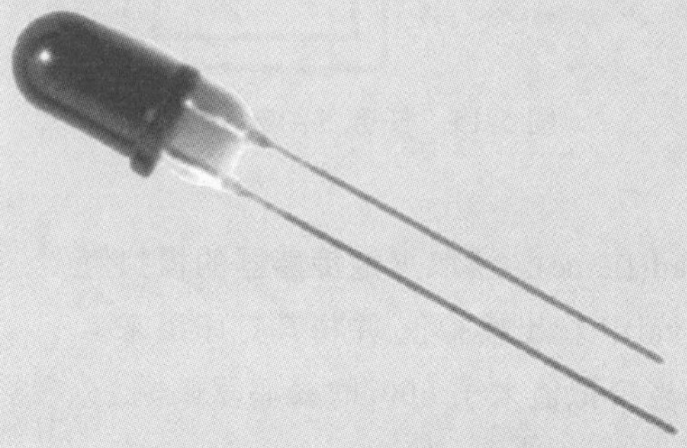

图 5-17　火焰传感器

火焰检测原理：当火焰燃烧时，它会发出少量的红外线，这些红外线被传感器模块上的光电二极管（红外接收器）接收。然后使用运算放大器来检查 IR 接收器两端的电压变化，这样如果检测到火焰，输出引脚（DO）将输出 0 V（低电平），如果没有火焰，输出引脚将输出 5 V（高）。

2．火焰传感器模块及其引脚说明

在本次任务中，我们使用的是基于红外的火焰传感器。它是一种高速和高灵敏度的 NPN 硅光电晶体管。它可以检测波长范围为 700 ~ 1 000 nm 的红外光，其检测角度约为 60°。

在使用中，我们会将火焰传感器制作成火焰传感器模块，如图 5-18 所示。火焰传感器模块由红外接收三极管（火焰传感器）、电阻、电容、电位器和 LM393 比较器组成。可以通过改变板载电位器来调节灵敏度。工作电压在 DC 3.3 ~ 5 V，带有数字输出。输出高电平代表检测到火焰。输出低电平代表没有火焰。

图 5-18　火焰传感器模块

火焰传感器模块的引脚说明如表 5-9 所示。

表 5-9　火焰传感器引脚说明

引脚名称	说　明
VCC	3.3～5 V 电源
GND	地
DOUT	数字信号输出

【工作拓展】

使用 Arduino UNO 开发板、火焰传感器、温度传感器、LCD1602，设计并制作一个燃火报警装置，如图 5-19 所示。

图 5-19　任务 5-3 工作拓展

【考核评价】

1．任务考核

表 5-10　任务 5-3 考核表

考核内容		考核评分		
项目	内　容	配分	得分	批注
工作准备（30%）	能够正确理解工作任务 5-3 内容、范围及工作指令	10		
	能够查阅和理解技术手册，确认 Arduino UNO 开发板技术标准及要求	5		
	使用个人防护用品或衣着适当，能正确使用防护用品	5		
	准备工作场地及器材，能够识别工作场所的安全隐患	5		
	确认设备及工具量具，检查其是否安全及正常工作	5		
实施程序（50%）	正确辨识工作任务所需的 Arduino UNO 开发板	10		
	正确检查 Arduino UNO 开发板有无损坏或异常	10		
	正确选择 USB 数据线	10		
	正确选用工具进行规范操作，完成装置安装、调试和维护	10		
	安全无事故并在规定时间内完成任务	10		
完工清理（20%）	收集和储存可以再利用的原材料、余料	5		
	遵循维护工作程序清洁垃圾、清洁和整理工作区域	5		
	对工具、设备及开发板进行清洁	5		
	按照工作程序，填写完成作业单	5		
考核评语	考核人员：　　　　日期：　　年　月　日	考核成绩		

2．任务评价

表 5-11　任务 5-3 评价表

评价项目	评价内容	评价成绩	备注
工作准备	任务领会、资讯查询、器材准备	□A □B □C □D □E	
知识储备	系统认知、原理分析、技术参数	□A □B □C □D □E	
计划决策	任务分析、任务流程、实施方案	□A □B □C □D □E	
任务实施	专业能力、沟通能力、实施结果	□A □B □C □D □E	
职业道德	纪律素养、安全卫生、器材维护	□A □B □C □D □E	
其他评价			
导师签字：		日期：	年　月　日

注：在选项“□”里打“√”，其中 A：90～100；B：80～89；C：70～79；D：60～69；E：不合格。

任务 5-4　水位传感器应用

项目 5 操作视频

【任务要求】

1. 任务目标

使用 Arduino UNO 开发板制作一个嵌入式水位测量装置。

2. 任务描述

水位传感器（Water Sensor）是一种模拟输入的传感器模块。它通过一系列平行金属导线来判断水位。当水位传感器接触到水滴时，可以实现水量到模拟信号的转换，输出的模拟值可以直接被 Arduino UNO 开发板读取。在日常生活中，经常会对溪流、河道、池塘等水位进行测量和监测。本次任务将使用 Arduino UNO 开发板和水位传感器设计与制作一款简易的嵌入式水位测量装置，实现对水位的测量。

3. 任务分析

本次任务采用水位传感器实现对水位数据的采集，如图 5-20 所示。连接电路比较简单，只需要将水位传感器的引脚连接至 Arduino UNO 开发板所对应的数字引脚即可。

图 5-20　水位传感器电路

【工作准备】

1. 材料准备

本次任务所需电子元件材料如表 5-12 所示。

表 5-12　任务 5-4 电子元件材料清单

序号	元件名称	规格	数量
1	开发板	Arduino UNO	1 个
2	数据线	USB	1 条
3	水位传感器	K-1035	1 个
4	杜邦线	公对母	若干

2．注意事项

（1）作业前请检查是否穿戴好防护装备（护目镜、防静电手套等）。

（2）检查电源及设备材料是否齐备、安全可靠。

（3）检查开发板、水位传感器有无损坏或异常。

（4）作业时要注意摆放好设备材料，避免伤人或造成设备材料损伤。

【任务实施】

第 1 步：使用 Fritzing 软件设计并绘制电路设计图，如图 5-21 所示。根据电路设计图，完成 Arduino Uno 开发板与其他电子元件的硬件连接，如图 5-22 所示。

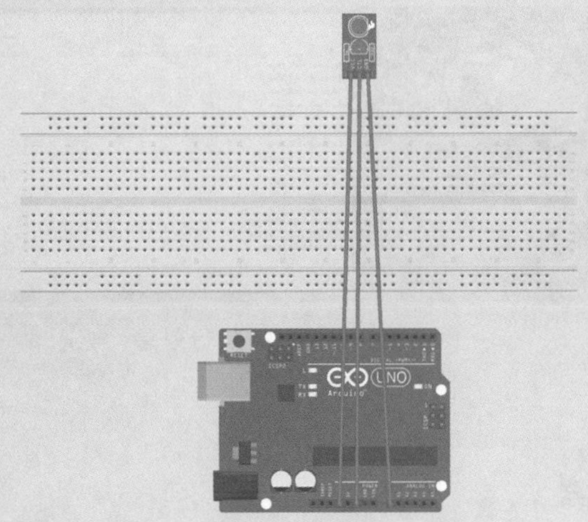

图 5-21　水位传感器电路设计图

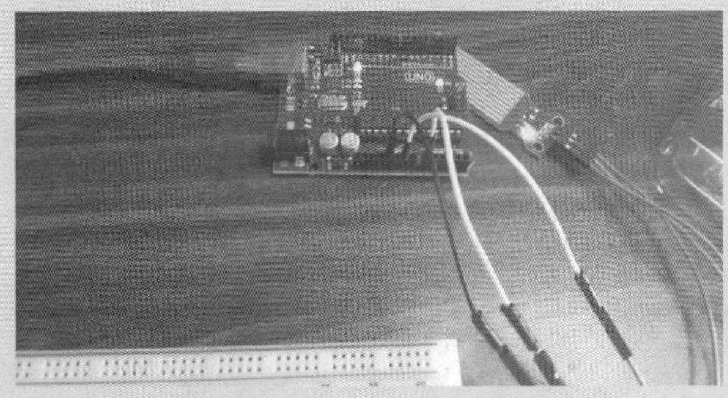

图 5-22　水位传感器硬件连接

第 2 步：创建 Arduino 程序“demo_5_4”。程序代码如下：

```
int sensorPin = 0;
double value;
double data;
void setup() {
  Serial.begin(9600);
}
void loop() {
  data = (long)analogRead(sensorPin);
  value = (data/650)*4;
  Serial.print("Water Depth:");
  Serial.print(value);
  Serial.println("cm");
  delay(1000);
}
```

第 3 步：编译并上传程序至开发板，查看运行效果，如图 5-23 所示。

图 5-23　任务 5-4 运行效果

【技术知识】

1．水位传感器

水位传感器（Water Sensor），是一个模拟输入模块，如图 5-24 所示。它是一个简单易用、性价比较高的水位/水滴识别检测传感器，它是通过具有一系列的暴露的平行导线线迹测量其水滴/水量大小从而判断水位，轻松完成水量到模拟信号的转换，输出的模拟值可以直接被 Arduino UNO 开发板读取，达到水位报警的功效。

水位传感器是通用三接口连线，一个连 VCC，一个连 GND，模拟输出端接入 Arduino UNO 开发板的任何一个模拟输入端口中，本次任务用的是模拟端口 A0。

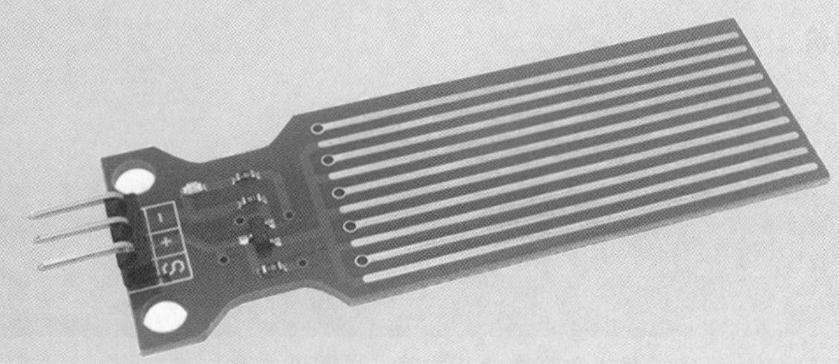

图 5-24　水位传感器

2．水位传感器规格参数

- 工作电压：DC 3 ~ 5 V
- 工作电流：小于 20 mA
- 元件类型：模拟
- 检测面积：40 mm × 16 mm 最深只能测 4 cm
- 制作工艺：FR4 双面喷锡
- 工作温度：10 ~ 30 °C
- 工作湿度：10% ~ 90% 无凝结
- 模块质量：3.5 g
- 板子尺寸：62 mm × 20 mm × 8 mm

【工作拓展】

使用 Anduino UNO 开发板实现水位测量仪装置的设计与制作，如图 5-25 所示。

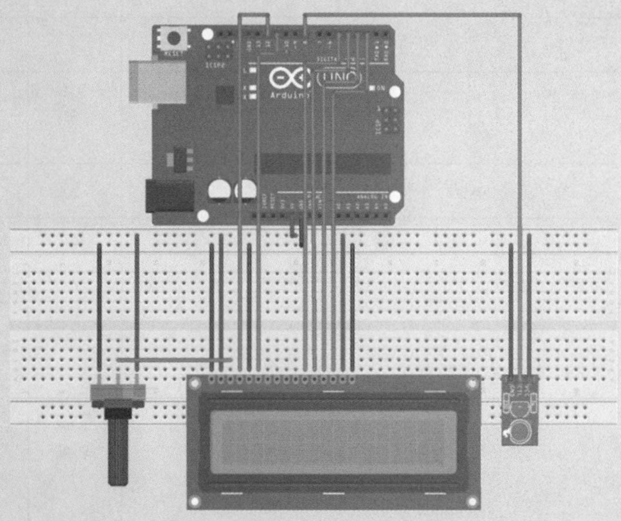

图 5-25　任务 5-4 工作拓展

【考核评价】

1．任务考核

表 5-13　任务 5-4 考核表

考核内容		考核评分		
项目	内　容	配分	得分	批注
工作准备（30%）	能够正确理解工作任务 5-4 内容、范围及工作指令	10		
	能够查阅和理解技术手册，确认 Arduino UNO 开发板技术标准及要求	5		
	使用个人防护用品或衣着适当，能正确使用防护用品	5		
	准备工作场地及器材，能够识别工作场所的安全隐患	5		
	确认设备及工具量具，检查其是否安全及正常工作	5		
实施程序（50%）	正确辨识工作任务所需的 Arduino UNO 开发板	10		
	正确检查 Arduino UNO 开发板有无损坏或异常	10		
	正确选择 USB 数据线	10		
	正确选用工具进行规范操作，完成装置安装、调试和维护	10		
	安全无事故并在规定时间内完成任务	10		
完工清理（20%）	收集和储存可以再利用的原材料、余料	5		
	遵循维护工作程序清洁垃圾、清洁和整理工作区域	5		
	对工具、设备及开发板进行清洁	5		
	按照工作程序，填写完成作业单	5		
考核评语	考核人员：　　　　日期：　　年　月　日	考核成绩		

2．任务评价

表 5-14　任务 5-4 评价表

评价项目	评价内容	评价成绩	备注
工作准备	任务领会、资讯查询、器材准备	□A □B □C □D □E	
知识储备	系统认知、原理分析、技术参数	□A □B □C □D □E	
计划决策	任务分析、任务流程、实施方案	□A □B □C □D □E	
任务实施	专业能力、沟通能力、实施结果	□A □B □C □D □E	
职业道德	纪律素养、安全卫生、器材维护	□A □B □C □D □E	
其他评价			
导师签字：		日期：　　　　年　　月　　日	

注：在选项“□”里打“√”，其中 A：90～100；B：80～89；C：70～79；D：60～69；E：不合格。

任务 5-5　气体传感器应用

项目 5 操作视频

【任务要求】

1. 任务目标

使用 Arduino UNO 开发板和气体传感器设计制作一个可燃性气体检测装置。

2. 任务描述

气体传感器是检测液化天然气（LNG）、丁烷、丙烷、甲烷、乙醇、氢气、烟雾等的一类传感器。本次任务使用 Arduino UNO 开发板和 MQ-2 气体传感器编程实现对液化天然气、丁烷、丙烷、甲烷、乙醇、氢气等可燃性气体的检测。

MQ-2 气体传感器具有重复性好、长期稳定性、响应时间短和耐用性能好的特性，被广泛用于家庭和工厂的气体泄漏监测装置。

本次任务使用的 MQ-2 气体传感器模块具有可调节的电阻器，可以来调节传感器的烟雾灵敏度。此外在使用气体传感器时，还应了解烟雾浓度会随着传感器和烟雾源之间的距离而变化。一般地，在相同环境中，越接近的距离，烟浓度越大；距离越远，烟浓度越低。

3. 任务分析

MQ-2 气体传感器采用氧化锡作为其表面离子的 N 型半导体气体敏感材料。当温度在 200～300 °C 的范围内，氧化锡吸附在空气中的氧气，以形成到负氧离子，使半导体的电子密度降低，其电阻增大。当与烟接触时，其变化将导致电导的变化，这可以用来检测烟雾是否存在。

MQ-2 气体传感器尺寸及引脚说明如图 5-26 所示。引脚接线只需要将电源正负极引脚连接到 Arduino UNO 开发板的+5V 和 GND 引脚，将 DOUT 和 AOUT 引脚连接到 Arduino UNO 开发板的数字引脚和模拟引脚即可。

（a）尺寸

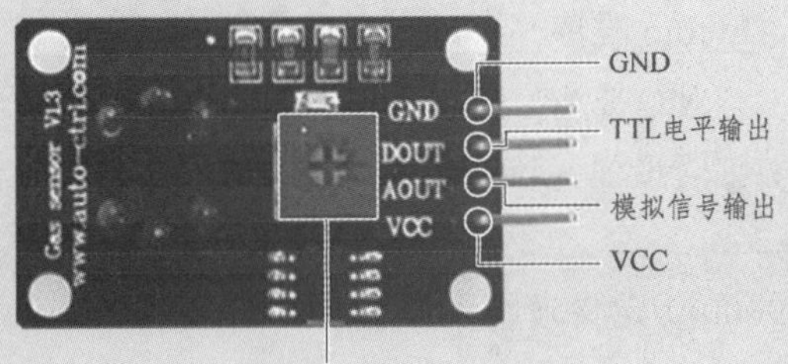

（b）引脚说明

图 5-26　MQ-2 气体传感器尺寸及引脚说明

【工作准备】

1．材料准备

本次任务所需电子元件材料如表 5-15 所示。

表 5-15　任务 5-5 电子元件材料清单

序号	元件名称	规格	数量
1	开发板	Arduino UNO	1 个
2	数据线	USB	1 条
3	气体传感器	MQ-2	1 个
4	杜邦线	公对母	若干

2．注意事项

（1）作业前请检查是否穿戴好防护装备（护目镜、防静电手套等）。

（2）检查电源及设备材料是否齐备、安全可靠。

（3）检查开发板、气体传感器有无损坏或异常。

（4）作业时要注意摆放好设备材料，避免伤人或造成设备材料损伤。

【任务实施】

第 1 步：使用 Fritzing 软件设计并绘制电路设计图，如图 5-27 所示。根据电路设计图，完成 Arduino UNO 开发板与其他电子元件的硬件连接。

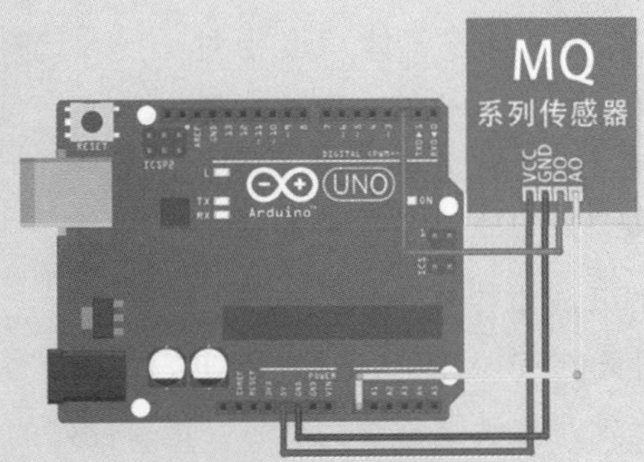

图 5-27　气体传感器电路设计

第 2 步：创建 Arduino 程序“demo_5_5”。程序代码如下：

```
#define AO A0     //MQ-2 AO 接  Arduino Uno A0
int data = 0;    //临时变量,存储 A0 读取的数据
void setup() {
  Serial.begin(9600);//定义波特率
  pinMode(AO, INPUT);//定义 A0 为 INPUT 模式
}
void loop() {
  data = analogRead(AO); //读取 A0 的模拟数据
  Serial.println(data);  //串口输出 data 的数据
  delay(1000);  //延时 500 毫秒
}
```

第 3 步：编译并上传程序至开发板，查看运行效果，如图 5-28 所示。

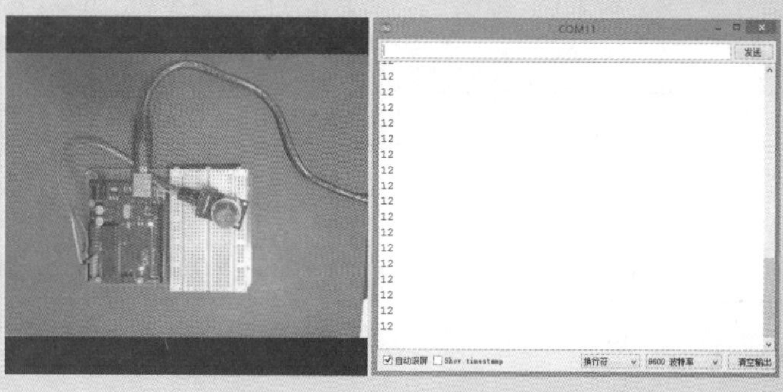

图 5-28　气体传感器运行效果

【技术知识】

1．气体传感器 MQ-2

MQ-2 气体传感器探头所使用的气敏材料是在清洁空气中电导率较低的二氧化锡（SnO_2），如图 5-29 所示。当传感器所处环境中存在可燃气体时，传感器的电导率随空气中可燃气体浓度的增加而增大。使用简单的电路即可将电导率的变化转换为与该气体浓度相对应的输出信号。气体传感器对液化气、丙烷、氢气的灵敏度高，对天然气和其他可燃蒸汽的检测也很理想。这种传感器可检测多种可燃性气体，是一款适合多种应用的低成本传感器。

图 5-29　气体传感器 MQ-2

MQ-2 型传感器对天然气、液化石油气等烟雾有很高的灵敏度，尤其对烷类烟雾更为敏感，具有良好的抗干扰性，可准确排除有刺激性非可燃性烟雾的干扰信息。可用于家庭和工厂的气体泄漏监测装置，

适宜于液化气、苯、烷、酒精、氢气、烟雾等的探测。因此，MQ-2 是一个多种气体探测器。MQ-2 的探测范围极其的广泛。它的优点：灵敏度高、响应快、稳定性好、寿命长、驱动电路简单和性价比高。

2．MQ-2 气体传感器工作原理

MQ-2 气体传感器属于二氧化锡半导体气敏材料，属于表面离子式 N 型半导体。处于 200 ~ 300 °C 时，二氧化锡吸附空气中的氧，形成氧的负离子吸附，使半导体中的电子密度减少，从而使其电阻值增加。当与烟雾接触时，就会引起表面导电率的变化。利用这一点就可以获得这种烟雾存在的信息，烟雾的浓度越大，导电率越大，输出电阻越低，则输出的模拟信号就越大。

MQ-2 气体传感器的特性：

（1）广泛的探测范围，适宜于液化气、丁烷、丙烷、甲烷、酒精、氢气、烟雾等的探测。

（2）具有良好的抗干扰性，可准确排除有刺激性非可燃性烟雾的干扰信息（经过测试：对烷类的感应度比纸张木材燃烧产生的烟雾要好得多，输出的电压升高得比较快）。

（3）其检测可燃气体与烟雾的范围是 100 ~ 10 000 ppm（ppm 为体积浓度，1 ppm = 1 cm^3/1 m^3）。

（4）MQ-2 型传感器具有良好的重复性和长期的稳定性。初始稳定，响应时间短，长时间工作性能好。

（5）高灵敏度（Rin air/Rin typical gas≥5）。

（6）快速响应恢复（≤30 s）。

（7）合理的工作环境（环境温度：－20 ~ ＋55 °C）。

（8）寿命长（90% 的产品几十年不要更换探测头）

（9）电路设计电压范围宽，24 V 以下均可，加热电压 5 ± 0.2 V（加热电压要在合适范围之内，如果过高，会导致内部的信号线熔断，从而器件报废）。

（10）需要注意的是：在使用之前必须加热一段时间（30 s 左右），否则其输出的电阻和电压不准确。

【工作拓展】

设计制作一个气体检测装置，如图 5-30 所示。采用 Arduino UNO 开发板控制主板，通过传感器 MQ-2 实时监测周围有害气体浓度，将浓度值传送给 Arduino UNO 开发板进行判断是否通过蜂鸣器报警，并通过 OLED 显示屏显示其浓度，如果产生报警，则控制 LED 闪烁示警并实时通过串口发送至上位机。

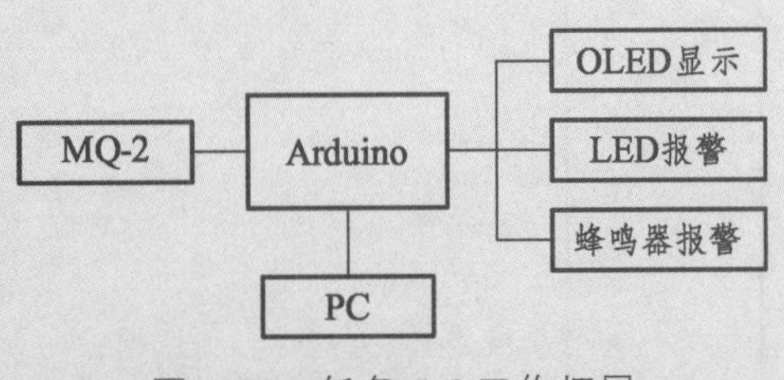

图 5-30　任务 5-5 工作拓展

【考核评价】

1．任务考核

表 5-16　任务 5-5 考核表

考核内容		考核评分		
项目	内　容	配分	得分	批注
工作准备（30%）	能够正确理解工作任务 5-5 内容、范围及工作指令	10		
	能够查阅和理解技术手册，确认 Arduino UNO 开发板技术标准及要求	5		
	使用个人防护用品或衣着适当，能正确使用防护用品	5		
	准备工作场地及器材，能够识别工作场所的安全隐患	5		
	确认设备及工具量具，检查其是否安全及正常工作	5		
实施程序（50%）	正确辨识工作任务所需的 Arduino UNO 开发板	10		
	正确检查 Arduino UNO 开发板有无损坏或异常	10		
	正确选择 USB 数据线	10		
	正确选用工具进行规范操作，完成装置安装、调试和维护	10		
	安全无事故并在规定时间内完成任务	10		
完工清理（20%）	收集和储存可以再利用的原材料、余料	5		
	遵循维护工作程序清洁垃圾、清洁和整理工作区域	5		
	对工具、设备及开发板进行清洁	5		
	按照工作程序，填写完成作业单	5		
考核评语	考核人员：　　　　日期：　　年　月　日	考核成绩		

2．任务评价

表 5-17　任务 5-5 评价表

评价项目	评价内容	评价成绩	备注
工作准备	任务领会、资讯查询、器材准备	□A □B □C □D □E	
知识储备	系统认知、原理分析、技术参数	□A □B □C □D □E	
计划决策	任务分析、任务流程、实施方案	□A □B □C □D □E	
任务实施	专业能力、沟通能力、实施结果	□A □B □C □D □E	
职业道德	纪律素养、安全卫生、器材维护	□A □B □C □D □E	
其他评价			
导师签字：		日期：	年　月　日

注：在选项“□”里打“√”，其中 A：90～100；B：80～89；C：70～79；D：60～69；E：不合格。

任务 5-6　气压传感器应用

项目 5　操作视频

【任务要求】

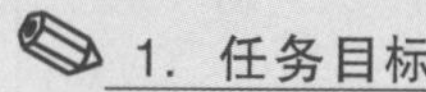

1. 任务目标

使用 Arduino UNO 开发板和气压传感器设计制作一个嵌入式气压检测装置。

2. 任务描述

大气压强传感器模块 BMP280 是个低功耗高精度数字复合传感器，它可以测量环境温度和大气压强。其中气压敏感元件是一个低噪高精度高分辨率绝对大气压力压电式感应元件；温度感测元件具有低噪高分辨率特性，温度值可以对气压进行温度补偿自校正。通过配置采样率寄存器，可以设置敏感元件的采样率。非常适合空间有限的移动设备，如智能手机、平板电脑、智能手表和可穿戴设备、天气预报、垂直速度指示、飞控设备、室内室外导航、智能家居装置。本次任务将通过 Arduino UNO 开发板和气压传感器 BMP280 编程实现气压监测装置的设计制作。

3. 任务分析

气压传感器 BMP280 接线比较简单，只要将其 6 个接口连接到 Arduino UNO 开发板对应的 6 个接口上即可，如图 5-31 所示。

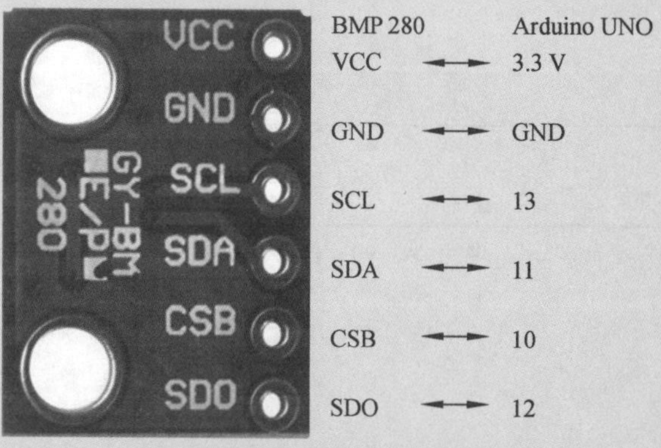

图 5-31　气压传感器 BMP280 接线

【工作准备】

1．材料准备

本次任务所需电子元件材料如表 5-18 所示。

表 5-18　任务 5-6 电子元件材料清单

序号	元件名称	规格	数量
1	开发板	Arduino UNO	1 个
2	数据线	USB	1 条
3	面包板	MB-102	1 个
4	气压传感器	BMP280	1 个
5	杜邦线	公对母	若干

2．软件准备

使用 BMP280 传感器，需要用到 BMP280 传感器的 Arduino 库 Adafruit_BMP280_Library，其下载地址如下：

https://github.com/adafruit/Adafruit_BME280_Library

https://github.com/mahfuz195/BMP280-Arduino-Library

https://github.com/adafruit/Adafruit_Sensor

注：以上库文件下载后解压导入 Arduino IDE 软件中即可。

3．注意事项

（1）作业前请检查是否穿戴好防护装备（护目镜、防静电手套等）。

（2）检查电源及设备材料是否齐备、安全可靠。

（3）检查开发板、BMP280 气压传感器有无损坏或异常。

（3）作业时要注意摆放好设备材料，避免伤人或造成设备材料损伤。

【任务实施】

第 1 步：完成 Arduino UNO 开发板与 BMP280 气压传感器模块的硬件连接，如图 5-32 所示。

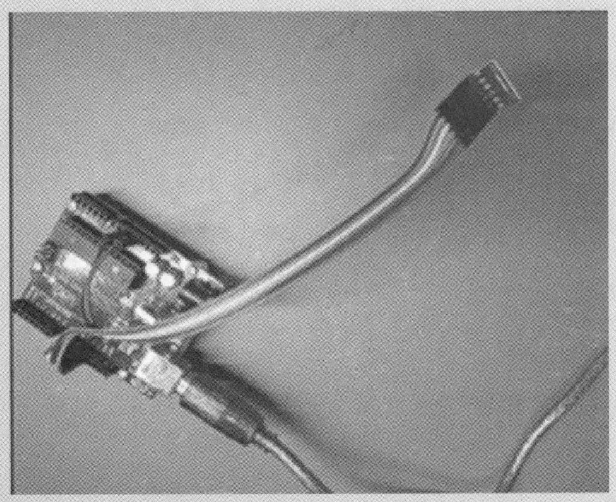

图 5-32　任务 5-6 电路设计

第 2 步：创建 Arduino 程序“demo_5_6”。程序代码如下：

```
#include <Wire.h>
#include <SPI.h>
#include <Adafruit_Sensor.h>
#include <Adafruit_BMP280.h>
#define BMP280_SCL 13
#define BMP280_SDO 12
#define BMP280_SDA 11
#define BMP280_CBS 10
Adafruit_BMP280 bmp(BMP280_CBS,
BMP280_SDA,BMP280_SDO,BMP280_SCL);
void setup() {
  Serial.begin(9600);
  Serial.println("BMP280 测试...");
  if(!bmp.begin()){
    Serial.println("BMP280 罢工啦!");
    while(1){}
  }
}
void loop() {
  Serial.print("温度 = ");
  Serial.println(bmp.readTemperature());
  Serial.print("气压 = ");
  Serial.println(bmp.readPressure());
  Serial.print("海拔 = ");
  Serial.println(bmp.readAltitude(1014));
  delay(1000);
}
```

第 3 步：编译并上传程序至开发板，查看运行效果，如图 5-33 所示。

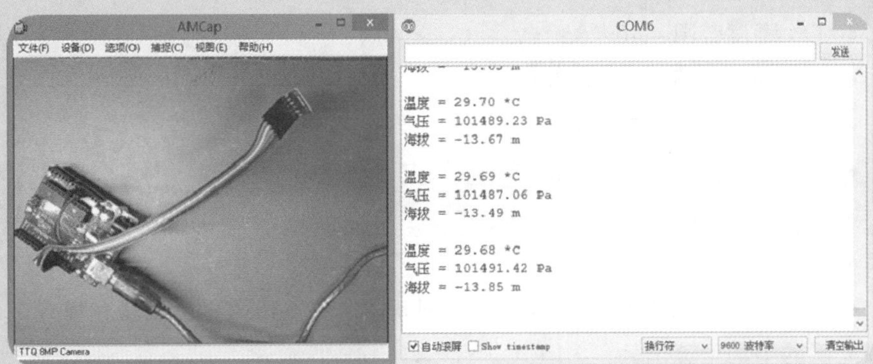

图 5-33　任务 5-6 运行效果

【技术知识】

1. 大气压强传感器 BMP280

气压传感器 BMP280（博世 Sensortec-BMP280）是一种专为移动应用设计的绝对气压传感器，如图 5-34 所示。该传感器模块采用极其紧凑的封装。得益于小尺寸和低功耗特性，这种器件可用在如移动电话、GPS 模块或手表等电池供电型设备中。BMP280 采用了成熟的压阻式压力传感器技术，具有高确度和线性度，以及长期稳定性和很高的 EMC 稳健性。多种设备工作选择带来了最高灵活性，可以在功耗、分辨率和滤波性能方面对设备进行优化。

图 5-34　大气压强传感器 BMP280

BMP280 是博世推出的一款数字气压传感器，具有卓越的性能和低廉的价格，相对精度为 ± 0.12 hPa（相当于 ± 1 米），传感器功耗仅有 2.7 μA。BMP280 具有业界最小封装，采用极其紧凑的 8 引脚金属盖 LGA 封装，占位面积仅为 $2.0 \times 2.5\ mm^2$，封装高度为 0.95 mm。包括有压力和温度测量功能。

该气压传感器支持 SPI 和 IIC 通信接口，相比上一代的 BMP180，精度已有相当大的提升，非常适合应用于低成本的多旋翼飞行器飞行控制器上，价格仅有目前流行的 MS5611 的四分之一。传感器模块的小尺寸和 2.74 μA/Hz 的低功耗允许在电池驱动的设备中实现。

2. BMP280 技术规格

- 气压工作范围 300 hPa 至 1 100 hPa（－500 米 ~ 9 000 米海拔）。

- 工作温度范围 – 40 ~ 85 °C。
- 相对的绝对精度 ± 0.12 hPa。
- 平均测量时间 5.5 ms。
- 工作电压 VDD 1.71 ~ 3.6 V。
- 电源电压 VDDIO 1.2 ~ 3.6 V。
- I2C 和串行外设接口（SPI）。
- 平均电流消耗典型值（1 Hz 数据刷新率）：2.74 μA（超低功耗模式）；睡眠模式下的平均电流消耗：0.1 μA。
- 封装规格 2.0 mm × 2.5 mm × 0.95 mm，8 引脚 LGA，全金属封装。

【工作拓展】

完成如图 5-35 所示装置的设计与制作，并使用 Arduino UNO 开发板编程实现对 BMP280 模块的 LCD 数据显示。

图 5-35　任务 5-6 工作拓展

【考核评价】

1. 任务考核

表 5-19 任务 5-6 考核表

考核内容		考核评分		
项目	内 容	配分	得分	批注
工作准备（30%）	能够正确理解工作任务 5-6 内容、范围及工作指令	10		
	能够查阅和理解技术手册，确认 Arduino UNO 开发板技术标准及要求	5		
	使用个人防护用品或衣着适当，能正确使用防护用品	5		
	准备工作场地及器材，能够识别工作场所的安全隐患	5		
	确认设备及工具量具，检查其是否安全及正常工作	5		
实施程序（50%）	正确辨识工作任务所需的 Arduino UNO 开发板	10		
	正确检查 Arduino UNO 开发板有无损坏或异常	10		
	正确选择 USB 数据线	10		
	正确选用工具进行规范操作，完成装置安装、调试和维护	10		
	安全无事故并在规定时间内完成任务	10		
完工清理（20%）	收集和储存可以再利用的原材料、余料	5		
	遵循维护工作程序清洁垃圾、清洁和整理工作区域	5		
	对工具、设备及开发板进行清洁	5		
	按照工作程序，填写完成作业单	5		
考核评语	考核人员： 日期： 年 月 日	考核成绩		

2．任务评价

表 5-20　任务 5-6 评价表

评价项目	评价内容	评价成绩	备注
工作准备	任务领会、资讯查询、器材准备	□A □B □C □D □E	
知识储备	系统认知、原理分析、技术参数	□A □B □C □D □E	
计划决策	任务分析、任务流程、实施方案	□A □B □C □D □E	
任务实施	专业能力、沟通能力、实施结果	□A □B □C □D □E	
职业道德	纪律素养、安全卫生、器材维护	□A □B □C □D □E	
其他评价			
导师签字：	日期：		年　月　日

注：在选项“□”里打“√”，其中 A：90～100；B：80～89；C：70～79；D：60～69；E：不合格。

任务 5-7　超声波传感器应用

项目 5 操作视频

【任务要求】

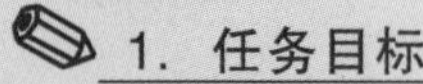

1. 任务目标

使用 Arduino UNO 开发板和超声波传感器编程实现超声波无线自动测距。

2. 任务描述

超声波传感器是将超声波信号转换成电信号的一种传感器。事实上，超声波传感器是一种输入模块，它能够提供较好的非接触范围检测，如图 5-36 所示。本次任务使用的超声波传感器为 HC-SR04。此模块性能稳定，测度距离精确，模块高精度，盲区小，可以应用于物体测距、机器人避障、液位检测、公共安防、停车场检测等。本次任务通过 Arduino UNO 开发板和超声波传感器模块 HC-SR04 设计制作一个无线自动测距装置，并编程实现超声波测距功能。

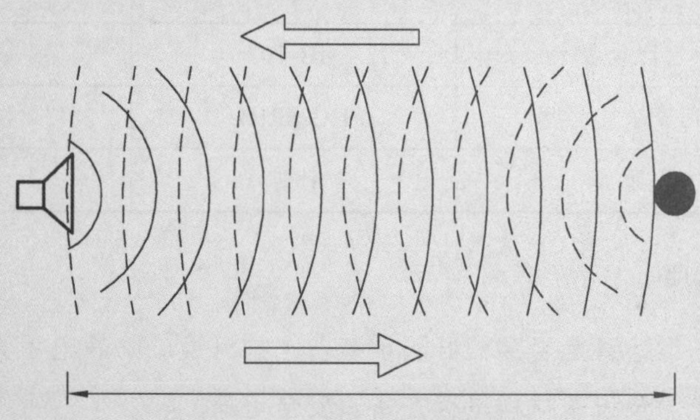

图 5-36　超声波测距原理图

3. 任务分析

超声波传感器 HC-SR04 的使用非常简单。只需要将 TRIG、ECHO 引脚分别连接到 Arduino UNO 开发板的数字引脚 D2 和 D3 引脚即可。此外将 VCC 和 GND 引脚接到 Arduino UNO 开发板的 5 V 和 GND。HC-SR04 模块的引脚说明如图 5-37 所示。

图 5-37　HC-SR04 模块的引脚说明

引脚说明：

Vcc——供 5 V 电源；

Trig——触发控制信号输入；

Echo——回向信号输出等 4 个接口端；

GND——为地线。

【工作准备】

1．材料准备

本次任务所需电子元件材料如表 5-21 所示。

表 5-21　任务 5-7 电子元件材料清单

序号	元件名称	规格	数量
1	开发板	Arduino UNO	1 个
2	数据线	USB	1 条
3	面包板	MB-102	1 个
4	超声波传感器	HC-SR04	1 个
5	跳线	针脚	若干

2．注意事项

（1）作业前请检查是否穿戴好防护装备（护目镜、防静电手套等）。

（2）检查电源及设备材料是否齐备、安全可靠。

（3）检查开发板、超声波传感器有无损坏或异常。

（4）作业时要注意摆放好设备材料，避免伤人或造成设备材料损伤。

【任务实施】

第 1 步：使用 Fritzing 软件设计并绘制电路设计图，如图 5-38 所示。根据电路设计图，完成 Arduino UNO 开发板与其他电子元件的硬件连接。

第 2 步：创建 Arduino 程序“demo_5_7”。程序代码如下：

```
#define Trig 2 //引脚 Tring  连接  IO D2
#define Echo 3 //引脚 Echo  连接  IO D3
float cm;          //距离变量
float temp;       //  回波等待时间
void setup() {
```

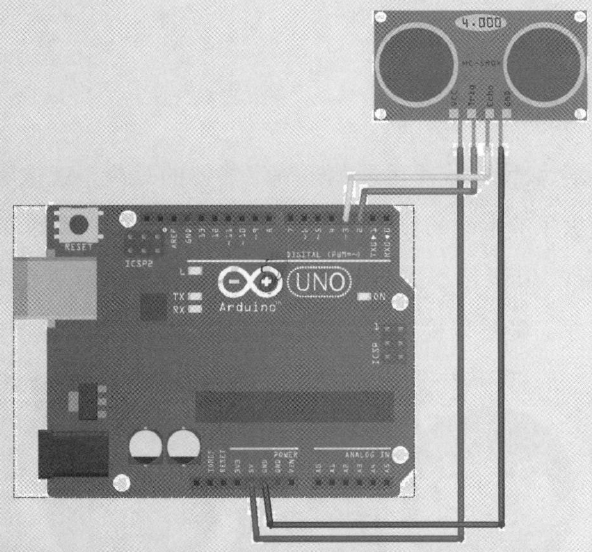

图 5-38　超声波传感器电路设计

```
  Serial.begin(9600);   pinMode(Trig, OUTPUT);   pinMode(Echo, INPUT);
}
void loop() {
  //给 Trig 发送一个低高低的短时间脉冲,触发测距
  digitalWrite(Trig, LOW); //给 Trig 发送一个低电平
  delayMicroseconds(2);       //等待 2 微秒
  digitalWrite(Trig,HIGH); //给 Trig 发送一个高电平
  delayMicroseconds(10);       //等待 10 微秒
  digitalWrite(Trig, LOW); //给 Trig 发送一个低电平
  temp = float(pulseIn(Echo, HIGH)); //存储回波等待时间,
  cm = (temp * 17 )/1000; //把回波时间换算成 cm
  Serial.print("Echo =");   Serial.print(temp);//串口输出等待时间的原始数据
  Serial.print(" | | Distance = ");   Serial.print(cm);//串口输出距离换算成 cm
                                                      的结果
  Serial.println("cm");   delay(100);
}
```

第 3 步：编译并上传程序至开发板，查看运行效果，如图 5-39 所示。

图 5-39　任务 5-7 运行结果

【技术知识】

1．超声波传感器 HC-SR04

HC-SR04 超声波传感器使用声纳来确定物体的距离，就像蝙蝠一样，如图 5-40 所示。它提供了非常好的非接触范围检测，准确度高，读数稳定，易于使用，尺寸从 2～400 cm。其操作不受阳光或黑色材料的影响，尽管在声学上，柔软的材料（如布料等）可能难以检测到。它配有超声波发射器和接收器模块。

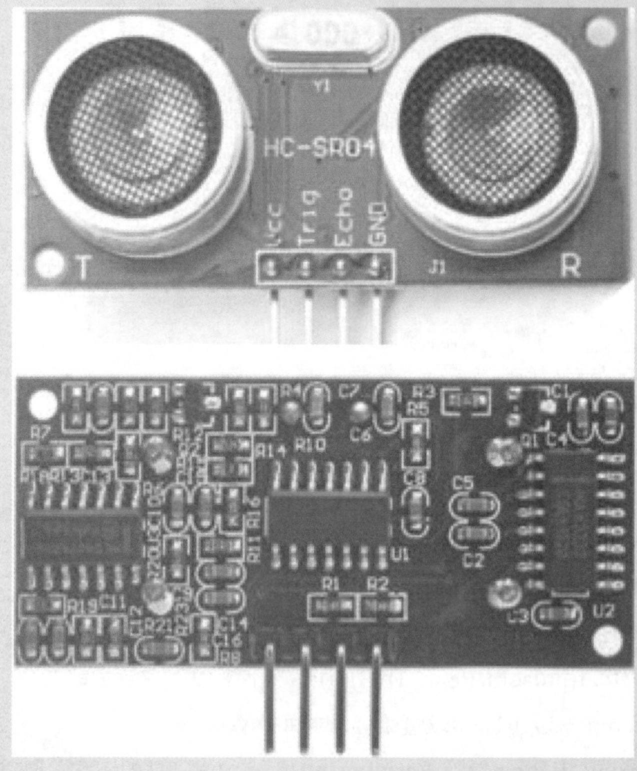

图 5-40　HC-SR04 超声波传感器

2．HC-SR04 的引脚功能

超声波传感器 HC-SR04 有四个引脚，四个引脚功能如下：

➢ Vcc：接 VCC 电源（直流 5 V）。

➢ Trig：接外部电路的 Trig 端，向此管脚输入一个 10 uS 以上的高电平，可触发模块测距。连接到 UNO 板的数字端口，如 D2。

➢ Echo：接外部电路的 Echo 端，当测距结束时，此管脚会输出一个高电平，电平宽度为超声波往返时间之和。连接到 UNO 板的数字端口，如 D3。

➢ GND：接外部电路的地。

3．HC-SR04 的技术规格

- 电源：DC 5 V
- 静态电流：＜2 mA
- 工作电流：15 mA
- 有效角度：<15°
- 测距距离：2 ~ 400 cm/1 ~ 13 in
- 分辨率：0.3 cm
- 测量角度：30°

【工作拓展】

使用 Anduino UNO 开发板实现超声波检测距离装置的设计与制作，如图 5-41 所示。

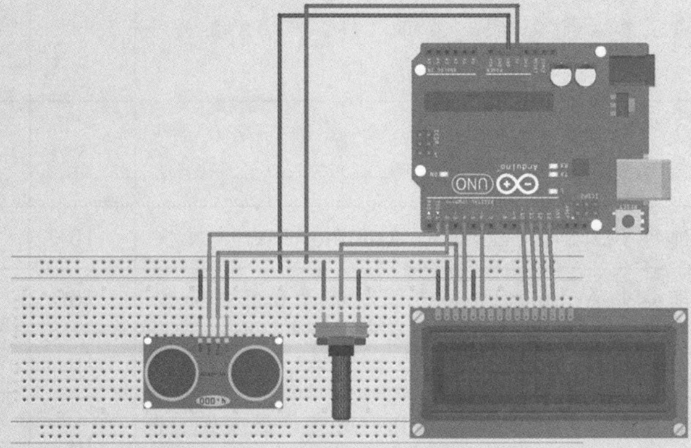

图 5-41　任务 5-7 工作拓展

【考核评价】

1．任务考核

表 5-22　任务 5-7 考核表

考核内容		考核评分		
项目	内　容	配分	得分	批注
工作准备（30%）	能够正确理解工作任务 5-7 内容、范围及工作指令	10		
	能够查阅和理解技术手册，确认 Arduino UNO 开发板技术标准及要求	5		
	使用个人防护用品或衣着适当，能正确使用防护用品	5		
	准备工作场地及器材，能够识别工作场所的安全隐患	5		
	确认设备及工具量具，检查其是否安全及正常工作	5		
实施程序（50%）	正确辨识工作任务所需的 Arduino UNO 开发板	10		
	正确检查 Arduino UNO 开发板有无损坏或异常	10		
	正确选择 USB 数据线	10		
	正确选用工具进行规范操作，完成装置安装、调试和维护	10		
	安全无事故并在规定时间内完成任务	10		
完工清理（20%）	收集和储存可以再利用的原材料、余料	5		
	遵循维护工作程序清洁垃圾、清洁和整理工作区域	5		
	对工具、设备及开发板进行清洁	5		
	按照工作程序，填写完成作业单	5		
考核评语	考核人员：　　　　日期：　　年　月　日	考核成绩		

2．任务评价

表 5-23 任务 5-7 评价表

评价项目	评价内容	评价成绩	备注
工作准备	任务领会、资讯查询、器材准备	□A □B □C □D □E	
知识储备	系统认知、原理分析、技术参数	□A □B □C □D □E	
计划决策	任务分析、任务流程、实施方案	□A □B □C □D □E	
任务实施	专业能力、沟通能力、实施结果	□A □B □C □D □E	
职业道德	纪律素养、安全卫生、器材维护	□A □B □C □D □E	
其他评价			
导师签字：	日期：		年 月 日

注：在选项“□”里打“√”，其中 A：90～100；B：80～89；C：70～79；D：60～69；E：不合格。

任务 5-8 粉尘传感器应用

项目 5 操作视频

【任务要求】

1. 任务目标

使用 Arduino UNO 开发板和粉尘传感器设计制作一个 PM2.5 空气质量检测装置。

2. 任务描述

微粒和分子在光的照射下会产生光的散射现象，这一现象被用于粉尘传感器的设计制造。粉尘传感器的检测原理如图 5-42 所示。当有粉尘时，LED 的光会因为散射现象，被接收传感器所接收，再通过电路解析输出 PWM，可以简单理解成无反射光时输出 1，有反射光时 0。内部设置气流发生器，就是一个加热装置，用于产生热，使气流在传感器内部流动，方便检测。

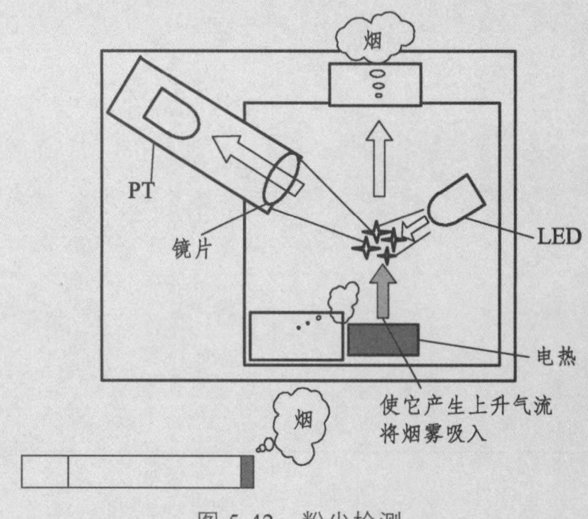

图 5-42 粉尘检测

本次任务通过粉尘传感器获取当前空气 PM2.5 的值，并通过 Arduino UNO 开发板串口发送给上位机显示。

3. 任务分析

本次任务使用的粉尘传感器 GP2Y1014AU，其电路原理如图 5-43 所示。引脚接线如下：

VCC：接 Arduino UNO 开发板的 + 5 V。

GND：接 Arduino UNO 开发板的 GND。

AOUT：接 Arduino UNO 开发板的模拟端口 A5。

ILED：接 Arduino UNO 开发板的数字端口 D12。

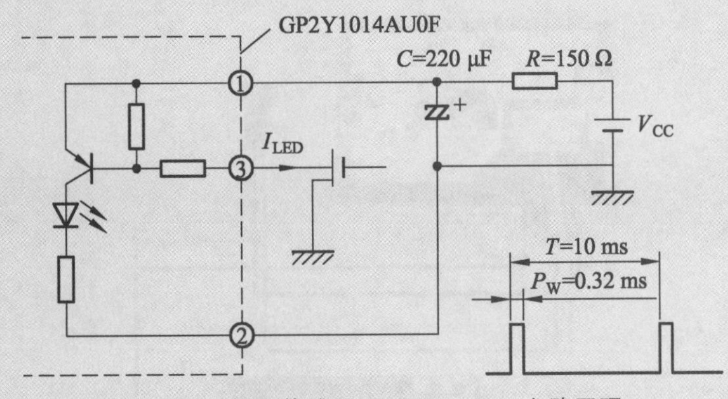

图 5-43　粉尘传感器 GP2Y1014AU 电路原理

【工作准备】

1．材料准备

本次任务所需电子元件材料如表 5-24 所示。

表 5-24　粉尘传感器电子元件清单

序号	元件名称	规格	数量
1	开发板	Arduino UNO	1 个
2	数据线	USB	1 条
3	粉尘传感器	GP2Y1014AU	1 个
4	电容	220 μF	1 个
5	电阻	150 Ω	1 个
6	跳线	针脚	若干

2．注意事项

（1）作业前请检查是否穿戴好防护装备（护目镜、防静电手套等）。

（2）检查电源及设备材料是否齐备、安全可靠。

（3）检查开发板、粉尘传感器有无损坏或异常。

（4）作业时要注意摆放好设备材料，避免伤人或造成设备材料损伤。

【任务实施】

第 1 步：使用 Fritzing 软件设计并绘制电路设计图，如图 5-44 所示。根据电路设计图，完成 Arduino UNO 开发板与其他电子元件的硬件连接，如图 5-45 所示。

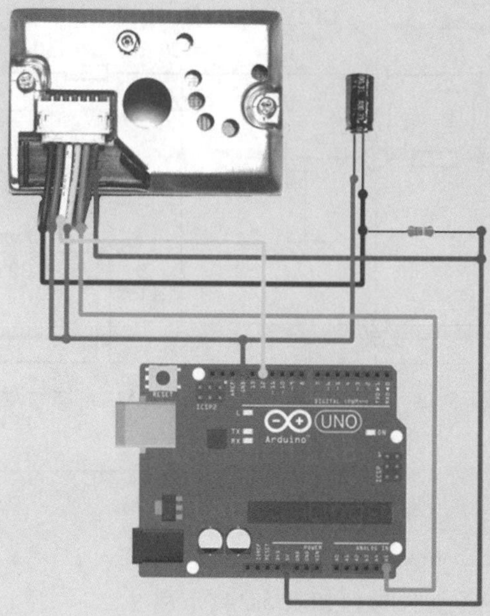

图 5-44　粉尘传感器电路设计

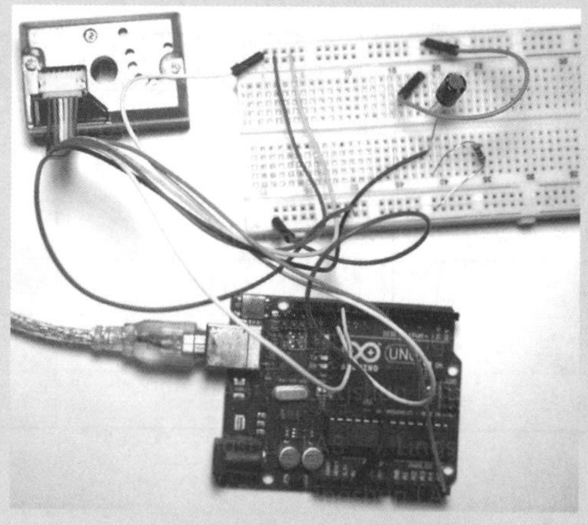

图 5-45　粉尘传感器硬件连接

第 2 步：创建 Arduino 程序“demo_5_8”。程序代码如下：

```
int measurePin = A5;
int ledPower = 12;
unsigned int samplingTime = 280;
unsigned int deltaTime = 40;
unsigned int sleepTime = 9680;
float voMeasured = 0;
float calcVoltage = 0;
float dustDensity = 0;

void setup(){
  Serial.begin(9600);
```

```
  pinMode(ledPower,OUTPUT);
}

void loop(){
  digitalWrite(ledPower,LOW);
  delayMicroseconds(samplingTime);
  voMeasured = analogRead(measurePin);
  delayMicroseconds(deltaTime);
  digitalWrite(ledPower,HIGH);
  delayMicroseconds(sleepTime);
  calcVoltage = voMeasured*(5.0/1024);
  dustDensity = 0.17*calcVoltage-0.1;
  if (dustDensity < 0)
  {
    dustDensity = 0.00;
  }
  Serial.println("Raw Signal Value (0-1023):");
  Serial.println(voMeasured);
  Serial.println("Voltage:");
  Serial.println(calcVoltage);
  Serial.println("Dust Density:");
  Serial.println(dustDensity);
  delay(1000);
}
```

第 3 步：编译并上传程序至开发板，查看运行效果，如图 5-46 所示。

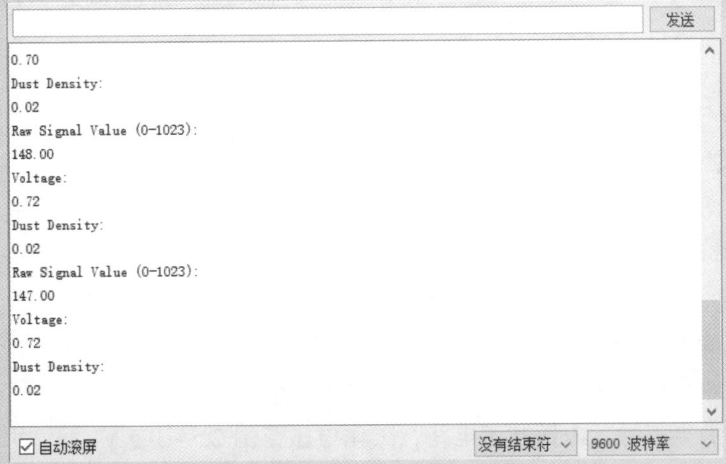

图 5-46　任务 5-8 运行结果

【技术知识】

1．粉尘传感器 GP2Y1014AU

粉尘传感器 GP2Y1014AU 是夏普开发的一款光学灰尘监测传感器模块，如图 5-47 所示。在其中间有一个大洞，空气可以自由流过。它里面邻角位置放着红外线发光二极管和光电晶体管，红外线发光二极管定向发送红外线。当空气中有微粒阻碍红外线时，红外线发送漫反射，光电晶体管接收到红外线，所以信号输出引脚电压发送变化。

图 5-47　粉尘传感器 GP2Y1014AU

其属性值如下：

➢ 供电电压：5 ~ 7 V

➢ 工作温度：－10 ~ 65 °C

➢ 监测最小直径：0.8 μm

➢ 灵敏度：0.5 V/（0.1 mg/m^3）灰尘浓度每变化 0.1 mg/m^3，输出电压变化 0.5 V。

2．粉尘传感器 GP2Y1014AU 的特性及使用

（1）粉尘传感器 GP2Y1014AU 的特性

➢ 使用简易：只需要一个 AD 采集引脚和一个控制引脚就能使用。

➢ 模拟量输出：输出电压大小与灰尘浓度在有效量程内呈线性关系，内置衰减电路，输出电压不超过 1.5 V。

➢ 灵敏度：0.5 V/（100 μg/m^3）。

➢ 有效量程：500 μg/m^3。

➢ 宽供电范围：内置升压电路，工作电压范围 2.5 ~ 0.5 V。

➢ 低功耗：在一个采样周期内，电流不超过 20 mA。

（2）粉尘传感器 GP2Y1014AU 的规格参数

- ➢ 产品尺寸：63.2 mm × 41.3 mm × 21.1 mm
- ➢ 固定孔尺寸：2.0 mm（4 个）
- ➢ 通气孔尺寸：9.0 mm

（3）粉尘传感器 GP2Y1014AU 的接口说明

以接入 Arduino UNO 开发板为例：

- ➢ VCC：接 2.5V ~ 5.5 V
- ➢ GND：接 GND
- ➢ AOUT：接 MCU.IO（模拟量输出）
- ➢ ILED：接 MCU.IO（模块驱动引脚）

（4）粉尘传感器 GP2Y1014AU 的使用

粉尘传感器 GP2Y1014AU 使用可以采用 Arduino 扩展板，硬件连接电路如图 5-48 所示。

图 5-48　粉尘传感器 GP2Y1014AU 的使用

【工作拓展】

使用 Anduino UNO 开发板实现粉尘检测仪装置的设计与制作，如图 5-49 所示。

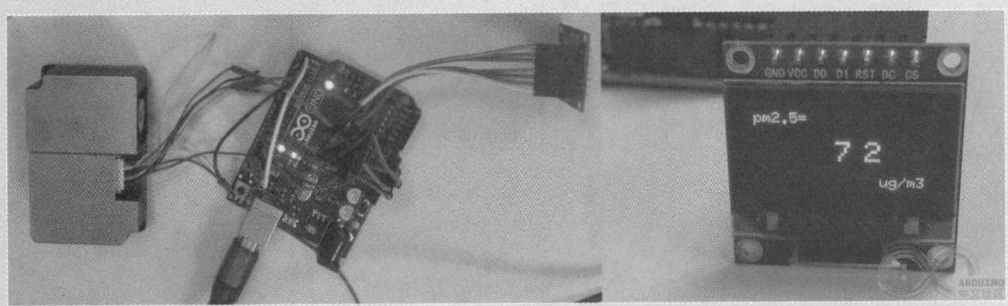

图 5-49　任务 5-8 工作拓展

【考核评价】

1．任务考核

表 5-25　任务 5-8 考核表

考核内容		考核评分		
项目	内　容	配分	得分	批注
工作准备（30%）	能够正确理解工作任务 5-8 内容、范围及工作指令	10		
	能够查阅和理解技术手册，确认 Arduino UNO 开发板技术标准及要求	5		
	使用个人防护用品或衣着适当，能正确使用防护用品	5		
	准备工作场地及器材，能够识别工作场所的安全隐患	5		
	确认设备及工具量具，检查其是否安全及正常工作	5		
实施程序（50%）	正确辨识工作任务所需的 Arduino UNO 开发板	10		
	正确检查 Arduino UNO 开发板有无损坏或异常	10		
	正确选择 USB 数据线	10		
	正确选用工具进行规范操作，完成装置安装、调试和维护	10		
	安全无事故并在规定时间内完成任务	10		
完工清理（20%）	收集和储存可以再利用的原材料、余料	5		
	遵循维护工作程序清洁垃圾、清洁和整理工作区域	5		
	对工具、设备及开发板进行清洁	5		
	按照工作程序，填写完成作业单	5		
考核评语	考核人员：　　　　日期：　　年　月　日	考核成绩		

2．任务评价

表 5-26　任务 5-8 评价表

评价项目	评价内容	评价成绩	备注
工作准备	任务领会、资讯查询、器材准备	□A □B □C □D □E	
知识储备	系统认知、原理分析、技术参数	□A □B □C □D □E	
计划决策	任务分析、任务流程、实施方案	□A □B □C □D □E	
任务实施	专业能力、沟通能力、实施结果	□A □B □C □D □E	
职业道德	纪律素养、安全卫生、器材维护	□A □B □C □D □E	
其他评价			
导师签字：		日期：　年　月　日	

注：在选项“□”里打“√”，其中 A：90～100；B：80～89；C：70～79；D：60～69；E：不合格。

项目小结

本项目介绍了 Arduino 常用传感器如温度、温湿度、火焰、水位、气体、气压、超声波、粉尘等模块的应用，并重点介绍了使用 Arduino Uno 开发板采集这些传感器数据的硬件电路设计、程序编码及调试运行方式。

项目要点：熟练掌握 LM35、DHT11、火焰、水位、气体、气压、超声波、粉尘等传感器模块的使用方法。熟练掌握 Arduino UNO 开发板应用这些传感器的电路设计和程序设计方法与技巧。

项目评价

在本项目教学和实施过程中，教师和学生可以根据以下项目考核评价表对各项任务进行考核评价。考核主要针对学生在技术知识、任务实施（技能情况）、拓展任务（实战训练）的掌握程度和完成效果进行评价。

表 5-27　项目 5 评价表

工作任务	评价内容									
	技术知识		任务实施		拓展任务		完成效果		总体评价	
	个人评价	教师评价	个人评价	教师评价	个人评价	教师评价	个人评价	教师评价	个人评价	教师评价
任务 5-1										
任务 5-2										
任务 5-3										
任务 5-4										
任务 5-5										
任务 5-6										
任务 5-7										
任务 5-8										

续表

存在问题与解决办法（应对策略）	
学习心得与体会分享	

实训与讨论

一、实训题

1. 使用 Arduino UNO 开发板、LM35 和 LED 设计制作一个温控水杯装置。

2. 使用 Arduino UNO 开发板、气压传感器和粉尘传感器设计制作一个环境监测仪。

二、讨论题

1. 举一些传感器技术的应用实例，并说明它们的用途。

2. 举例说明传感器技术在轨道交通行业有哪些应用。

项目 6　嵌入式系统无线遥控原理与控制

项目 6 PPT

知识目标

- 认识声音、激光、红外、蓝牙、Wi-Fi 等模块。
- 了解声音、激光、红外、蓝牙、Wi-Fi 等模块的工作原理。
- 掌握声音、激光、红外、蓝牙、Wi-Fi 等模块的编程方法与技巧。

技能目标

- 懂声音、激光、红外、蓝牙、Wi-Fi 等模块应用。
- 会编程使用声音、激光、红外、蓝牙、Wi-Fi 等模块进行无线遥控或通信。
- 能用 Arduino UNO 开发板分别与声音、激光、红外、蓝牙、Wi-Fi 等模块开发远程遥控装置。

工作任务

- 任务 6-1　嵌入式声音摇控装置控制
- 任务 6-2　嵌入式激光感应装置控制
- 任务 6-3　嵌入式红外摇控装置控制
- 任务 6-4　嵌入式蓝牙遥控装置设计
- 任务 6-5　嵌入式 Wi-Fi 遥控装置设计

任务 6-1　嵌入式声音遥控装置控制

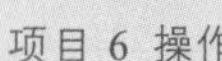

项目 6 操作视频

【任务要求】

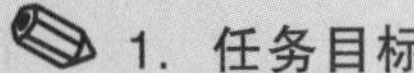

1. 任务目标

使用 Arduino UNO 开发板和声控模块设计制作一个声控装置。

2. 任务描述

声音模块的作用相当于一个麦克风。它用来接收声波，显示声音的振动图像，但不能对噪声的强度进行测量。传感器内置一个对声音敏感的电容式驻极体话筒。声波使话筒内的驻极体薄膜振动，导致电容的变化，而产生与之对应变化的微小电压。这一电压随后被转化成 0 ~ 5 V 的电压，经过 A/D 转换被数据采集器接受，并传送给 Arduino UNO 开发板。

本次任务使用声音传感器来编程实现声控灯光的效果。声控灯在我们生活中非常常见，最常见的就是在公用走廊、大厦楼梯间、公共洗手间等公共场合里。本次任务我们使用 Arduino UNO 开发板和声音模块来设计制作一个声音感应灯控装置。

3. 任务分析

声音模块的使用非常简单。只需要将声音模块的模拟引脚 A0 连接到 Arduino UNO 开发板的模拟端口 A0，并且将 VCC 和 GND 引脚连接到 UNO 开发板的 +5 V 和 GND 引脚即可。声音模块的电路原理如图 6-1 所示。

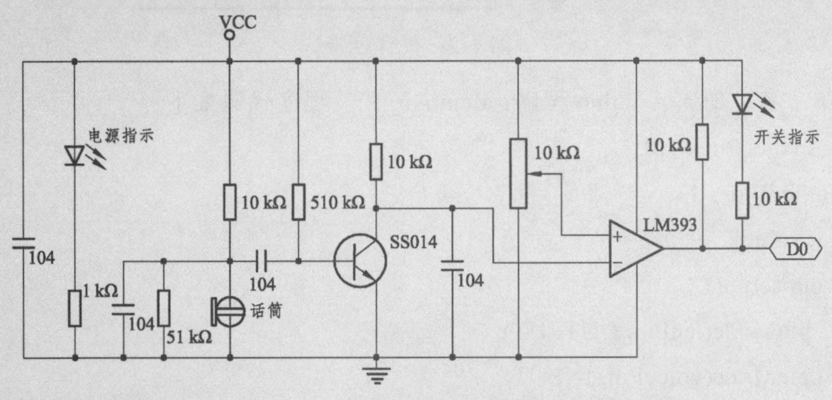

图 6-1　声音模块电路原理

【工作准备】

1. 材料准备

本次任务所需电子元件材料如表 6-1 所示。

表 6-1　任务 6-1 电子元件材料清单

序号	元件名称	规格	数量
1	开发板	Arduino UNO	1 个
2	数据线	USB	1 条
3	声控模块		1 个
4	杜邦线	公对母	若干

2．注意事项

（1）作业前请检查是否穿戴好防护装备（护目镜、防静电手套等）。

（2）检查电源及设备材料是否齐备、安全可靠。

（3）检查开发板、声控模块有无损坏或异常。

（4）作业时要注意摆放好设备材料，避免伤人或造成设备材料损伤。

【任务实施】

第 1 步：完成 Arduino UNO 开发板与声控模块的硬件连接，如图 6-2 所示。

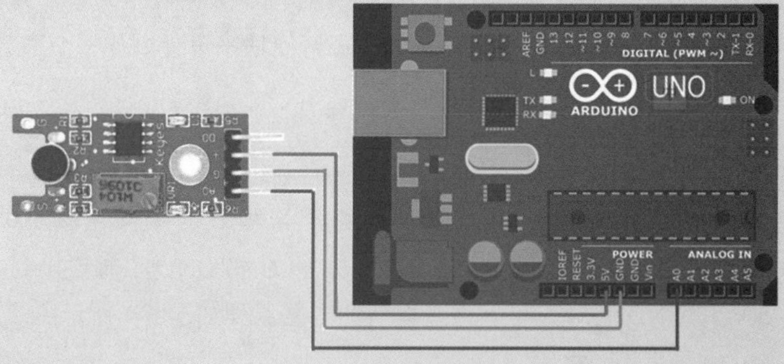

图 6-2　硬件连接

第 2 步：创建 Arduino 程序“demo_6_1”。程序代码如下：

```
int voicePin = A0;
int ledPin = 13;
int value;
void setup() {
   pinMode(ledPin, OUTPUT);
   pinMode(voicePin, INPUT);
   Serial.begin(9600);
}
void loop() {
   value = analogRead(voicePin);
   Serial.println(value);
```

```
    if(value>75){
      digitalWrite(ledPin,HIGH);
      delay(3000);
    }
    digitalWrite(ledPin,LOW);
}
```

第 3 步：编译并上传程序至开发板，查看运行效果，如图 6-3 所示。

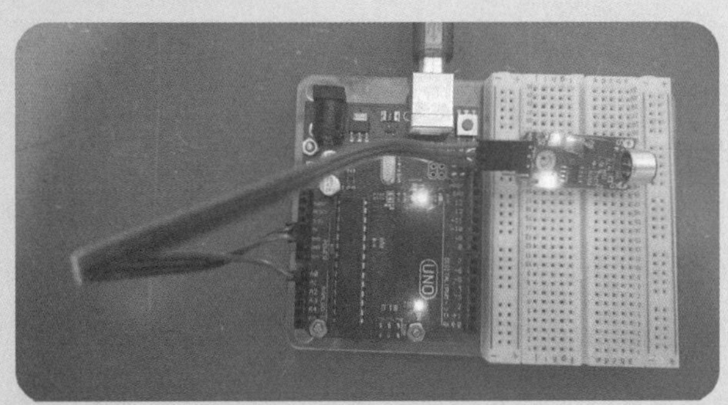

图 6-3　任务 6-1 运行结果

【技术知识】

1. 声音模块

声音模块是一个内置了对声音敏感的电容式驻极体话筒的元器件模块，如图 6-4 所示。其工作原理是通过声波使话筒内的驻极体薄膜振动，导致电容的变化，而产生与之对应变化的微小电压。这一电压随后被转化成 0～5 V 的电压，经过 A/D 转换被数据采集器接收。

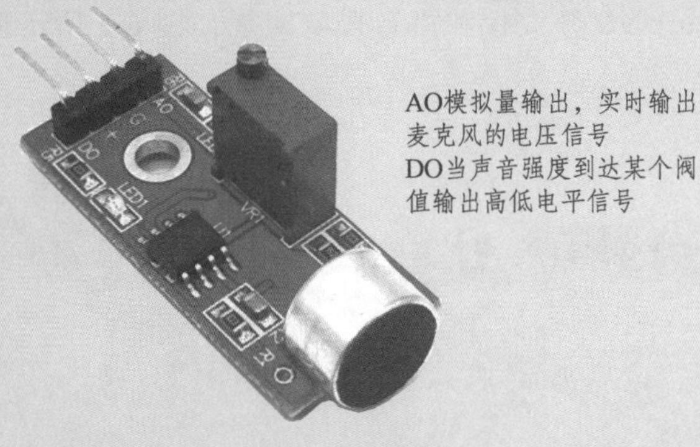

图 6-4　声控模块

该模块有 2 个输出：

➢ AO：模拟量输出，实时输出麦克风的电压信号。

➢ DO：当声音强度到达某个阈值时，输出高低电平信号（阈值的灵敏度可以通过电位器调节）。

2．声音模块特点

声音模块具有以下特点：

（1）使用 5 V 直流电源供电（工作电压 3.3 ~ 5 V）。

（2）有模拟量输出 AO，实时麦克风电压信号输出。

（3）有阈值翻转电平输出 DO，高/低电平信号输出（0 和 1）。

（4）具有高灵敏度，驻极体电容式麦克风（ECM）传感器。

（5）通过电位计调节灵敏度（图中蓝色数字电位器调节）。

（6）有电源指示灯，比较器输出有指示灯。

（7）设有 3 mm 固定螺栓孔，方便安装。

（8）小板 PCB 尺寸：3.2 cm × 1.7 cm。

（9）可以检测周围环境的声音强度,使用注意：此传感器只能识别声音的有无（根据震动原理）不能识别声音的大小或者特定频率的声音。

3．声音模块使用说明

（1）声音模块对环境声音强度最敏感，一般用来检测周围环境的声音强度。

（2）模块在环境声音强度达不到设定阈值时，OUT 输出高电平，当外界环境声音强度超过设定阈值时，模块 OUT 输出低电平。

（3）小板数字量输出 OUT 可以与 Arduino UNO 直接相连，通过单片机来检测高低电平，由此来检测环境的声音。

（4）小板数字量输出 OUT 能直接驱动继电器模块，由此可以组成一个声控开关。

【工作拓展】

使用 Arduino UNO 开发板和声音模块实现如图 6-5 所示声控装置的设计制作。

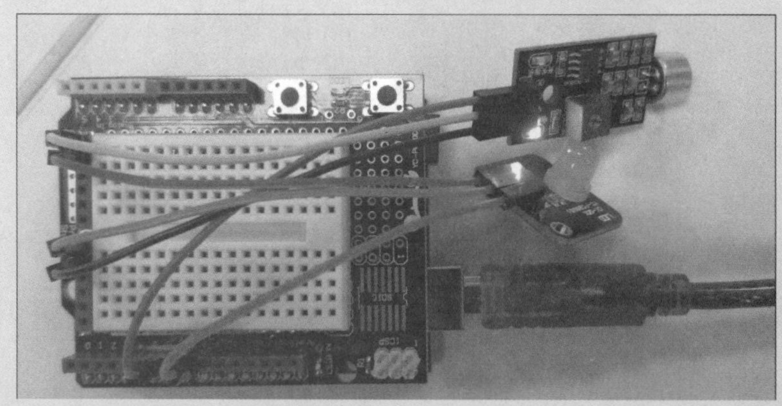

图 6-5　任务 6-1 工作拓展

【考核评价】

1．任务考核

表 6-2　任务 6-1 考核表

考核内容		考核评分		
项目	内　容	配分	得分	批注
工作准备（30%）	能够正确理解工作任务 6-1 内容、范围及工作指令	10		
	能够查阅和理解技术手册，确认 Arduino UNO 开发板技术标准及要求	5		
	使用个人防护用品或衣着适当，能正确使用防护用品	5		
	准备工作场地及器材，能够识别工作场所的安全隐患	5		
	确认设备及工具量具，检查其是否安全及正常工作	5		
实施程序（50%）	正确辨识工作任务所需的 Arduino UNO 开发板	10		
	正确检查 Arduino UNO 开发板有无损坏或异常	10		
	正确选择 USB 数据线	10		
	正确选用工具进行规范操作，完成装置安装、调试和维护	10		
	安全无事故并在规定时间内完成任务	10		
完工清理（20%）	收集和储存可以再利用的原材料、余料	5		
	遵循维护工作程序清洁垃圾、清洁和整理工作区域	5		
	对工具、设备及开发板进行清洁	5		
	按照工作程序，填写完成作业单	5		
考核评语	考核人员：　　　　日期：　　年　月　日	考核成绩		

2．任务评价

表 6-3　任务 6-1 评价表

评价项目	评价内容	评价成绩	备注
工作准备	任务领会、资讯查询、器材准备	□A □B □C □D □E	
知识储备	系统认知、原理分析、技术参数	□A □B □C □D □E	
计划决策	任务分析、任务流程、实施方案	□A □B □C □D □E	
任务实施	专业能力、沟通能力、实施结果	□A □B □C □D □E	
职业道德	纪律素养、安全卫生、器材维护	□A □B □C □D □E	
其他评价			
导师签字：	日期：		年　月　日

注：在选项“□”里打“√”，其中 A：90～100；B：80～89；C：70～79；D：60～69；E：不合格。

任务 6-2 嵌入式激光感应装置控制

项目 6 操作视频

【任务要求】

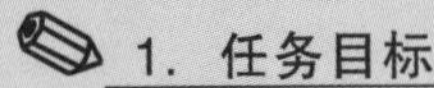

1. 任务目标

使用 Arduino UNO 开发板和激光模块编程实现激光感应装置的设计制作。

2. 任务描述

激光是 20 世纪以来继核能、电脑、半导体之后，人类的又一重大发明，被称为“最快的刀”“最准的尺”“最亮的光”，英文全称为“Light Amplification by Stimulated Emission of Radiation”，即“LASER”。从激光的英文全称可以知道制造激光的主要过程。激光原理早在 1916 年已被著名的美国物理学家爱因斯坦发现。激光就是原子受激辐射的光，即原子中的电子吸收能量后从低能级跃迁到高能级，再从高能级回落到低能级的时候，所释放的能量以光子的形式放出。被引诱（激发）出来的光子束（激光），其中的光子光学特性高度一致。这使得激光比起普通光源，激光的单色性好，亮度高，方向性好。

激光应用非常广泛，有激光打标、激光焊接、激光切割、光纤通信、激光测距、激光雷达、激光武器、激光唱片、激光矫视、激光美容、激光扫描、激光灭蚊器、激光无损检测等。

本次任务通过 Arduino UNO 开发板编程实现对激光发射模块和激光接收模块的感应控制。

3. 任务分析

激光模块有激光发射模块和激光接收模块之分，二者配套使用。在本次任务中，我们使用 1 个激光发射模块和 1 个激光接收模块，分别连接到 Arduino UNO 开发板中，以此设计制作一个激光感应装置。激光控制电路原理如图 6-6 所示。

接线方式如下：

（1）Arduino UNO 开发板与激光发射模块的引脚连接

D12 ↔ S（信号引脚）

5V ↔ +（电源正极）

GND ↔ –（电源负极）

（2）Arduino UNO 开发板与激光接收模块的引脚连接

D2 ↔ OUT（信号输出）

5V ↔ VCC（电源正极）

GND ↔ GND（电源负极）

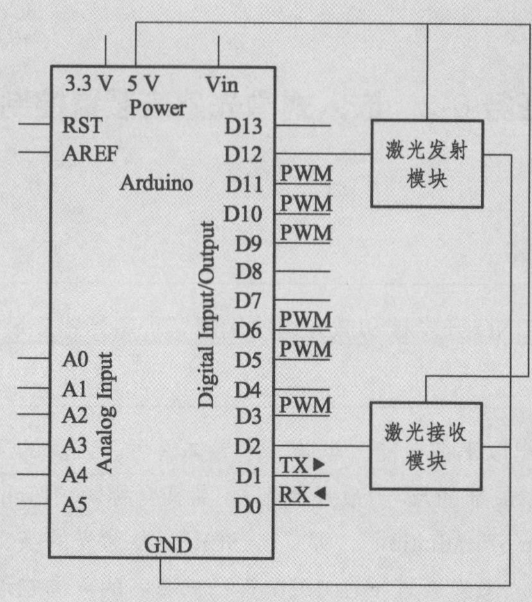

图 6-6　激光感应装置电路原理

【工作准备】

1．材料准备

本次任务所需电子元件材料如表 6-4 所示。

表 6-4　任务 6-2 电子元件材料清单

序号	元件名称	规格	数量
1	开发板	Arduino UNO	1 个
2	数据线	USB	1 条
3	激光发射模块	KY-008	1 个
4	激光接收模块		1 个
5	杜邦线	公对母	若干

2．注意事项

（1）作业前请检查是否穿戴好防护装备（护目镜、防静电手套等）。

（2）检查电源及设备材料是否齐备、安全可靠。

（3）检查开发板、激光发射模块、激光接收模块有无损坏或异常。

（4）作业时要注意摆放好设备材料，避免伤人或造成设备材料损伤。

【任务实施】

第 1 步：完成 Arduino UNO 开发板与激光发射模块、激光接收模块的硬件连接，如图 6-7 所示。

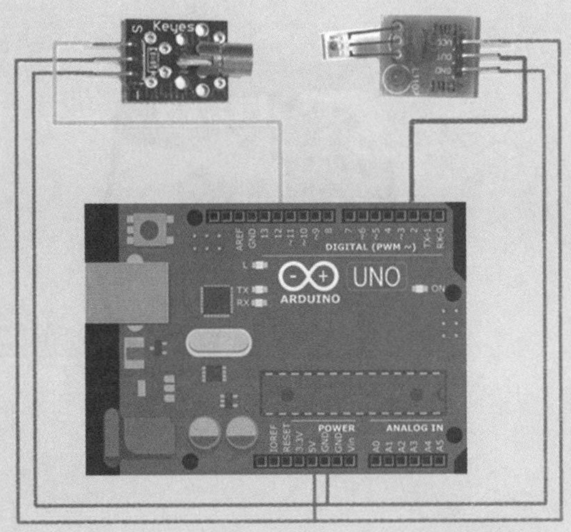

图 6-7　激光感应装置电路设计

第 2 步：创建 Arduino 程序“demo_6_2”。程序代码如下：

```
int LED = 13;                    //定义 LED 引脚为 13(即板子上的 LED 灯)
int LaserSensor = 2;             //定义激光接收模块信号引脚为 2
int SensorReading = HIGH;        //定义激光接收模块信号引脚为高电平
int Laser = 12;                  //定义激光发射模块信号引脚为 12
void setup() {
  pinMode(LED, OUTPUT);  //定义 LED 为输出模式
  pinMode(Laser, OUTPUT); //定义 Laser 为输出模式
  pinMode(LaserSensor, INPUT);     //定于 LaserSensor 为输入模式
}
void loop() {
  digitalWrite(Laser, HIGH);     //给 Laser 高电平,激光发射模式发射激光
  delay(200);  //延时 200 毫秒
  SensorReading = digitalRead(LaserSensor);   //读取 LaserSensor 激光接收模
                                                块信号引脚)的当前状态
  if(SensorReading == LOW) //如果等于电平
  {
    digitalWrite(LED, HIGH); //则灯亮(发射与接收之间有东西挡住)
  }
  else
  {
    digitalWrite(LED, LOW); //否则灯灭(发射与接收之间没有障碍物)
  }
}
```

第 3 步：编译并上传程序至开发板，查看运行效果，如图 6-8 所示。

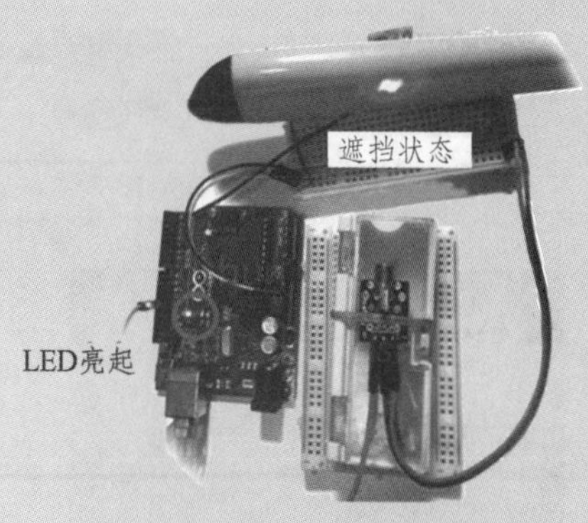

图 6-8　任务 6-2 运行结果

【技术知识】

1．激光发射模块

激光发射模块又称为激光头，6.0/6.5 激光模组，激光灯，激光头直径为 6.0 mm 或 6.5 mm，有正负接线柱，工作电压为 3.0 V 或 5 V，可见光为红光，点状光斑，管体为铜材或塑料，塑料直径为 6.8 mm。本次任务使用的激光发射模块为 KY-008，如图 6-9 所示，可以用于激光类小装置、发光陀螺、打火机、各种水平仪、地线仪等。

图 6-9　激光发射模块 KY-008

其特性如下：

➢ 激光小铜头（红光）
➢ 发射功率：150 mW
➢ 标准尺寸：Φ6*10.5
➢ 工作寿命：1 000 h 以上
➢ 光斑模式：点状光斑，连续输出
➢ 激光波长：650 nm（红色）
➢ 出光功率：< 5 mW
➢ 供电电压：DC 5 V
➢ 工作电流：< 40 mA
➢ 工作温度：− 36 ~ 65 °C
➢ 储存温度：− 36 ~ 65 °C
➢ 光点大小：15 m 处光点为 ϕ10 mm ~ ϕ15 mm

2．激光接收模块

激光接收模块如图 6-10 所示，用于接收激光发射模块发射出来的激光束。该模块有 3 个引脚，分别为 GND、OUT、VCC。其中 VCC 和 GND 分别接 5 V 电源和接地，OUT 为输出引脚，可以连接到 Arduino UNO 开发板中的数字引脚。

图 6-10　激光接收模块

【工作拓展】

完成如图 6-11 所示激光报警装置的设计与制作，并使用 Arduino UNO 开发板编程实现对激光报警装置的控制。

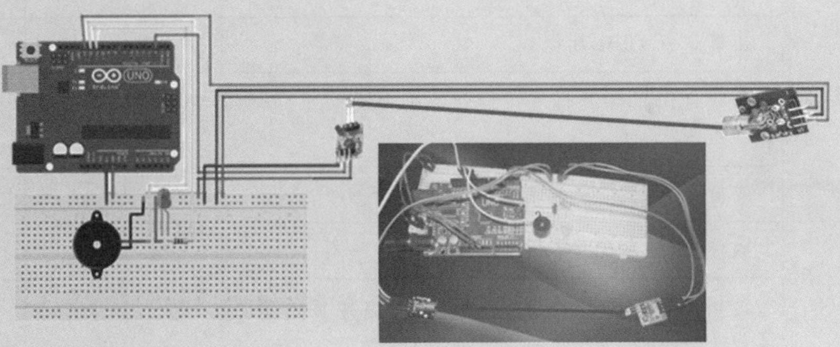

图 6-11　任务 6-2 工作拓展

【考核评价】

1．任务考核

表 6-5　任务 6-2 考核表

<table>
<tr><th colspan="2">考核内容</th><th colspan="3">考核评分</th></tr>
<tr><th>项目</th><th>内　容</th><th>配分</th><th>得分</th><th>批注</th></tr>
<tr><td rowspan="5">工作准备（30%）</td><td>能够正确理解工作任务 6-2 内容、范围及工作指令</td><td>10</td><td></td><td></td></tr>
<tr><td>能够查阅和理解技术手册，确认 Arduino UNO 开发板技术标准及要求</td><td>5</td><td></td><td></td></tr>
<tr><td>使用个人防护用品或衣着适当，能正确使用防护用品</td><td>5</td><td></td><td></td></tr>
<tr><td>准备工作场地及器材，能够识别工作场所的安全隐患</td><td>5</td><td></td><td></td></tr>
<tr><td>确认设备及工具量具，检查其是否安全及正常工作</td><td>5</td><td></td><td></td></tr>
<tr><td rowspan="5">实施程序（50%）</td><td>正确辨识工作任务所需的 Arduino UNO 开发板</td><td>10</td><td></td><td></td></tr>
<tr><td>正确检查 Arduino UNO 开发板有无损坏或异常</td><td>10</td><td></td><td></td></tr>
<tr><td>正确选择 USB 数据线</td><td>10</td><td></td><td></td></tr>
<tr><td>正确选用工具进行规范操作，完成装置安装、调试和维护</td><td>10</td><td></td><td></td></tr>
<tr><td>安全无事故并在规定时间内完成任务</td><td>10</td><td></td><td></td></tr>
<tr><td rowspan="4">完工清理（20%）</td><td>收集和储存可以再利用的原材料、余料</td><td>5</td><td></td><td></td></tr>
<tr><td>遵循维护工作程序清洁垃圾、清洁和整理工作区域</td><td>5</td><td></td><td></td></tr>
<tr><td>对工具、设备及开发板进行清洁</td><td>5</td><td></td><td></td></tr>
<tr><td>按照工作程序，填写完成作业单</td><td>5</td><td></td><td></td></tr>
<tr><td>考核评语</td><td>考核人员：　　　　日期：　　年　月　日</td><td>考核成绩</td><td colspan="2"></td></tr>
</table>

2．任务评价

表 6-6　任务 6-2 评价表

评价项目	评价内容	评价成绩	备注
工作准备	任务领会、资讯查询、器材准备	□A □B □C □D □E	
知识储备	系统认知、原理分析、技术参数	□A □B □C □D □E	
计划决策	任务分析、任务流程、实施方案	□A □B □C □D □E	
任务实施	专业能力、沟通能力、实施结果	□A □B □C □D □E	
职业道德	纪律素养、安全卫生、器材维护	□A □B □C □D □E	
其他评价			
导师签字：	日期：	年　月　日	

注：在选项“□”里打“√”，其中 A：90～100；B：80～89；C：70～79；D：60～69；E：不合格。

任务 6-3 嵌入式红外遥控装置控制

项目 6 操作视频

【任务要求】

1. 任务目标

使用 Arduino UNO 开发板编程实现无线红外遥控通信及解码控制。

2. 任务描述

在日常生活中我们会接触到各式各样的遥控器，电视机、空调、机顶盒等都有专用的遥控器，很多智能手机也在软硬件上对红外遥控做了支持，可以集中遥控绝大部分家用电器。

红外遥控主要由红外发射和红外接收两部分组成，如图 6-12 所示。红外发射和接收的信号其实都是一连串的二进制脉冲码，高低电平按照一定的时间规律变换来传递相应的信息。为了使其在无线传输过程中免受其他信号的干扰，通常都将信号调制在特定的载波频率上，通过红外发射二极管发射出去，而红外接收端则要将信号进行解调处理，还原成二进制脉冲码进行处理。

图 6-12 红外接收元件（左）和红外遥控器（右）

对遥控器发射出来的编码脉冲进行解码，根据解码结果执行相应的动作。

3. 任务分析

本次任务使用一个红外接收元件和一个红外遥控器，红外接收元件需要与 Arduino UNO 开发板连接，连接电路原理如图 6-13 所示。

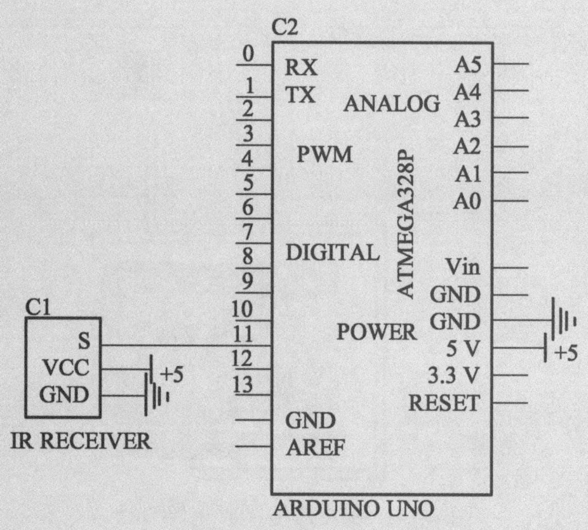

图 6-13　红外接收电路原理

【工作准备】

1．材料准备

本次任务所需电子元件材料如表 6-7 所示。

表 6-7　任务 6-3 电子元件材料清单

序号	元件名称	规　格	数　量
1	开发板	Arduino UNO	1 个
2	数据线	USB	1 条
3	面包板	MB-201	1 个
4	红外接收头		1 个
5	红外遥控器		1 个
6	跳线	针脚	若干

2．注意事项

（1）作业前请检查是否穿戴好防护装备（护目镜、防静电手套等）。

（2）检查电源及设备材料是否齐备、安全可靠。

（3）检查开发板、红外接收头、红外遥控器有无损坏或异常。

（4）作业时要注意摆放好设备材料，避免伤人或造成设备材料损伤。

【任务实施】

第 1 步：使用 Fritzing 软件设计并绘制电路设计图，如图 6-14 所示。根据电路设计图，完成 Arduino UNO 开发板与其他电子元件的硬件连接。

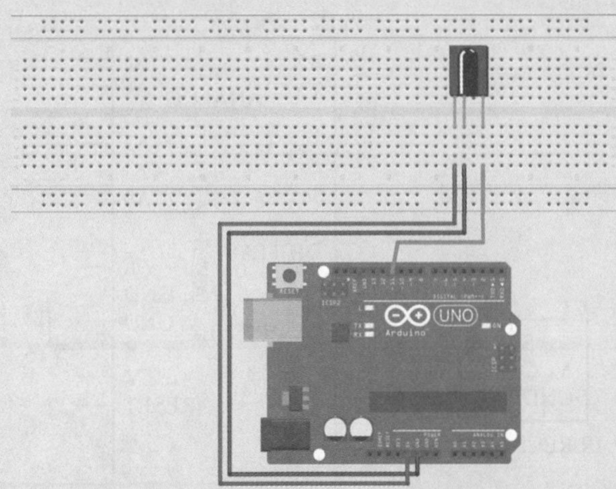

图 6-14　红外遥控接收电路设计

第 2 步：创建 Arduino 程序“demo_6_3”。程序代码如下：

```
#include <IRremote.h>
int RECV_PIN = 11;
int LED_PIN = 13;
IRrecv irrecv(RECV_PIN);
decode_results results;
void setup()
{
  Serial.begin(9600);
  irrecv.enableIRIn();
  pinMode(LED_PIN, OUTPUT);
  digitalWrite(LED_PIN, HIGH);
}
void loop() {
  if (irrecv.decode(&results)) {
    Serial.println(results.value, HEX);
    if (results.value == 0xFFA25D) //开灯
    {
      digitalWrite(LED_PIN, LOW);
    } else if (results.value == 0xFF629D) //关灯
    {
      digitalWrite(LED_PIN, HIGH);
    }
    irrecv.resume();
  }
```

```
    delay(100);
}
```

第 3 步：编译并上传程序至开发板，查看运行效果，如图 6-15 所示。

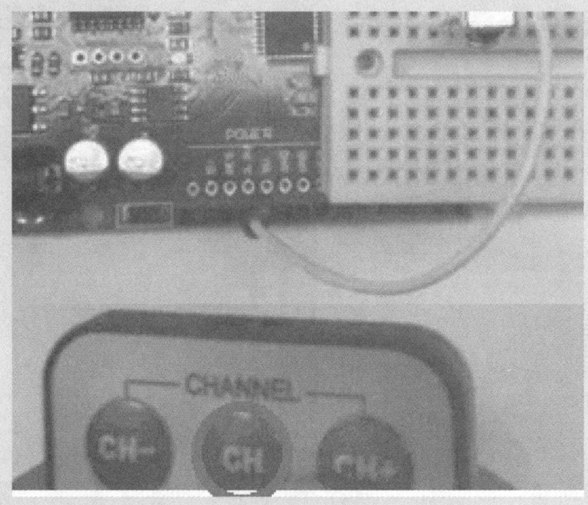

图 6-15　红外遥控运行效果

【技术知识】

1．红外遥控器

红外遥控器如图 6-16 所示，总共有 21 个按钮，每个按钮编码如图 6-17 所示。

图 6-16　红外遥控器

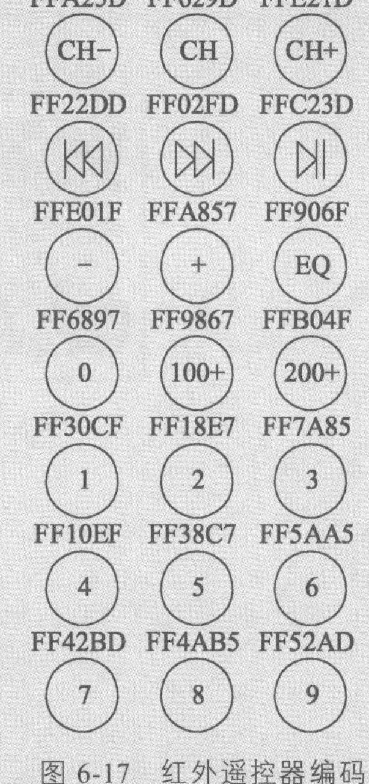

图 6-17　红外遥控器编码

2．红外接收头

红外接收头如图 6-18 所示，它有三个引脚，如上图从左到右依次为 VOUT、GND、VCC。红外遥控器发射的 38 kHz 红外载波信号由遥控器里的编码芯片对其进行编码，具体编码方式和协议可在网上获取，这里不再展开。当按下遥控器按键时，遥控器发出红外载波信号，红外接收器接收到信号，程序对载波信号进行解码，通过数据码的不同来判断按下的是哪个键。

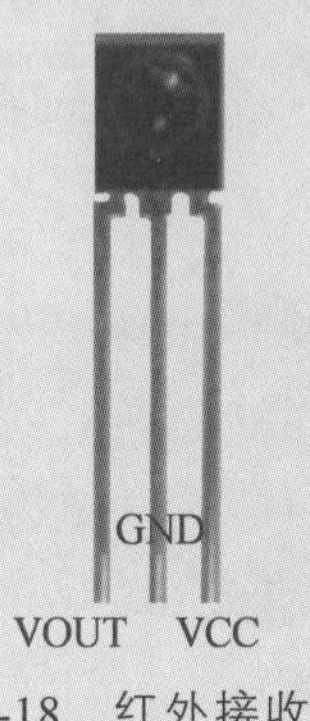

图 6-18　红外接收头

【工作拓展】

使用 Arduino UNO 开发板和红外遥控模块制作如图 6-19 所示的红外遥控 LED 装置。

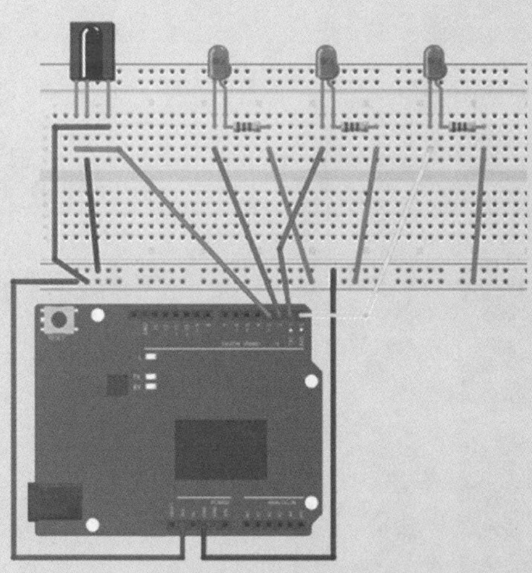

图 6-19　任务 6-3 工作拓展

【考核评价】

1．任务考核

表 6-8　任务 6-3 考核表

考核内容		考核评分		
项目	内　容	配分	得分	批注
工作准备（30%）	能够正确理解工作任务 6-3 内容、范围及工作指令	10		
	能够查阅和理解技术手册，确认 Arduino UNO 开发板技术标准及要求	5		
	使用个人防护用品或衣着适当，能正确使用防护用品	5		
	准备工作场地及器材，能够识别工作场所的安全隐患	5		
	确认设备及工具量具，检查其是否安全及正常工作	5		
实施程序（50%）	正确辨识工作任务所需的 Arduino UNO 开发板	10		
	正确检查 Arduino UNO 开发板有无损坏或异常	10		
	正确选择 USB 数据线	10		
	正确选用工具进行规范操作，完成装置安装、调试和维护	10		
	安全无事故并在规定时间内完成任务	10		
完工清理（20%）	收集和储存可以再利用的原材料、余料	5		
	遵循维护工作程序清洁垃圾、清洁和整理工作区域	5		
	对工具、设备及开发板进行清洁	5		
	按照工作程序，填写完成作业单	5		
考核评语	考核人员：　　　　日期：　　年　月　日	考核成绩		

2．任务评价

表 6-9　任务 6-3 评价表

评价项目	评价内容	评价成绩	备注
工作准备	任务领会、资讯查询、器材准备	□A □B □C □D □E	
知识储备	系统认知、原理分析、技术参数	□A □B □C □D □E	
计划决策	任务分析、任务流程、实施方案	□A □B □C □D □E	
任务实施	专业能力、沟通能力、实施结果	□A □B □C □D □E	
职业道德	纪律素养、安全卫生、器材维护	□A □B □C □D □E	
其他评价			
导师签字：		日期：	年　月　日

注：在选项“□”里打“√”，其中 A：90～100；B：80～89；C：70～79；D：60～69；E：不合格。

任务 6-4　嵌入式蓝牙遥控装置设计

项目 6 操作视频

【任务要求】

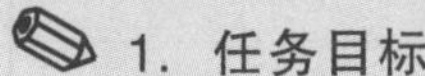

1. 任务目标

使用 Arduino UNO 开发板编程实现蓝牙遥控控制。

2. 任务描述

蓝牙（Bluetooth）是一种短距离无线连接通信技术，它可以将不同的电子设备通过无线通信的方式连接起来。其原理就像收音机一样，装有蓝牙的电子设备，可以接收外来的信息，从而进行特定的指令。不过，蓝牙不但可以接收数据，也可以传送数据，因此装有蓝牙的电子设备，能够互相沟通。

蓝牙已成为目前智能手机及许多电脑设备经常使用的无线通信技术。本次任务我们将使用 Arduino UNO 开发板编程通过蓝牙模块 HC-05 实现与安卓智能手机之间的蓝牙通信，并实现安卓智能手机蓝牙对 Arduino UNO 开发板 LED 电路的无线控制。

3. 任务分析

本次任务使用 HC-05 模块来实现与安卓智能手机的蓝牙通信，蓝牙遥控的电路原理如图 6-20 所示。其中 HC-05 模块连接到 Arduino UNO 开发板上，其引脚 VCC 和 GND 分别连接到 UNO 开发板中的 + 5 V 和 GND 引脚，引脚 TXD 和 RXD 分别连接到 UNO 开发板中的 RXD（D0）和 TXD（D1）。

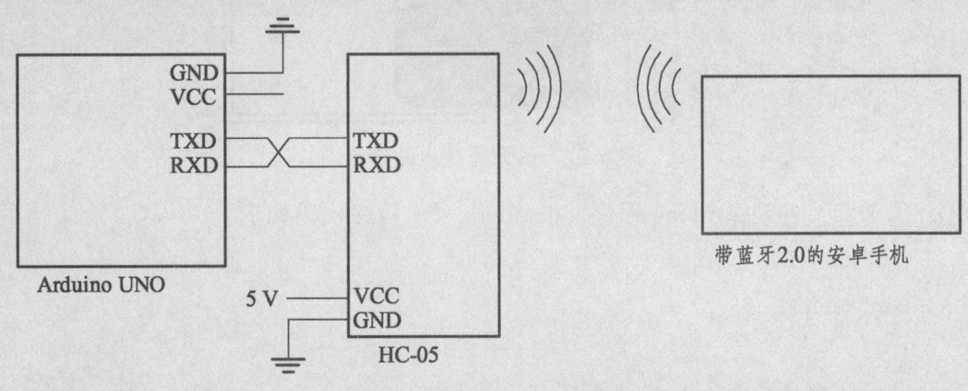

图 6-20　蓝牙控制电路原理

【工作准备】

1. 材料准备

本次任务所需电子元件材料如表 6-10 所示。

表 6-10　任务 6-4 电子元件材料清单

序号	元件名称	规　格	数量
1	开发板	Arduino UNO	1 个
2	数据线	USB	1 条
3	面包板	MB-102	1 个
4	蓝牙模块	HC-05	1 个
5	跳线	针脚	若干

2．注意事项

（1）作业前请检查是否穿戴好防护装备（护目镜、防静电手套等）。

（2）检查电源及设备材料是否齐备、安全可靠。

（3）检查开发板、蓝牙模块有无损坏或异常。

（4）作业时要注意摆放好设备材料，避免伤人或造成设备材料损伤。

【任务实施】

第 1 步：使用 Fritzing 软件设计并绘制电路设计图，如图 6-21 所示。根据电路设计图，完成 Arduino UNO 开发板与其他电子元件的硬件连接。

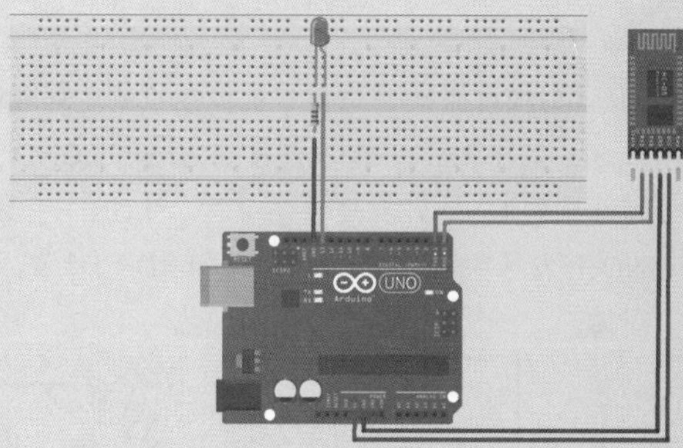

图 6-21　蓝牙遥控电路设计

第 2 步：创建 Arduino 程序“demo_6_4”。程序代码如下：

```
char data = 0;
void setup()
{
   Serial.begin(9600);
   pinMode(13, OUTPUT);
}
void loop()
{
   if(Serial.available() > 0)
```

```
    {
        data = Serial.read();
        Serial.print(data);
        Serial.print("\n");
        if(data == '1')
        digitalWrite(13, HIGH);
        else if(data == '0')
        digitalWrite(13, LOW);
    }
}
```

第 3 步：编译并上传程序至开发板，查看运行效果，如图 6-22 所示。

图 6-22　蓝牙遥控运行结果

【技术知识】

1．认识蓝牙（Bluetooth）

蓝牙是一种近距离无线数据和语音传输技术，主要用于取代线材和红外线传输。蓝牙主要用于无线耳机和数据传输，蓝牙技术联盟（Bluetooth Special Interest Group），定义了多种蓝牙规范：

➢ HID：制定鼠标、键盘和游戏杆等人机接口设备（Human Interface Device）所要遵循的规范。

➢ HFP：泛指用于行动设备，支持语音拨号和重拨等功能的免提听筒设备

➢ A2DP：可传输 16 位、44.1 kHz 取样频率的高质量立体声音乐，主要用于随身听和影音设备。

➢ SPP：用于取代有线串口的蓝牙设备规范。

2．蓝牙模块 HC-05

蓝牙 HC-05 是主从一体的蓝牙串口模块，如图 6-23 所示，简单地说，当蓝

牙设备与蓝牙设备配对连接成功后，我们可以忽视蓝牙内部的通信协议，直接将蓝牙当作串口用。当建立连接，两设备共同使用一通道也就是同一个串口，一个设备发送数据到通道中，另外一个设备便可以接收通道中的数据。

图 6-23　蓝牙模块 HC-05

【工作拓展】

使用 Arduino UNO 开发板、蓝牙模块和 RGB 全彩 LED 灯制作如图所示的蓝牙遥控 LED 装置，如图 6-24 所示。

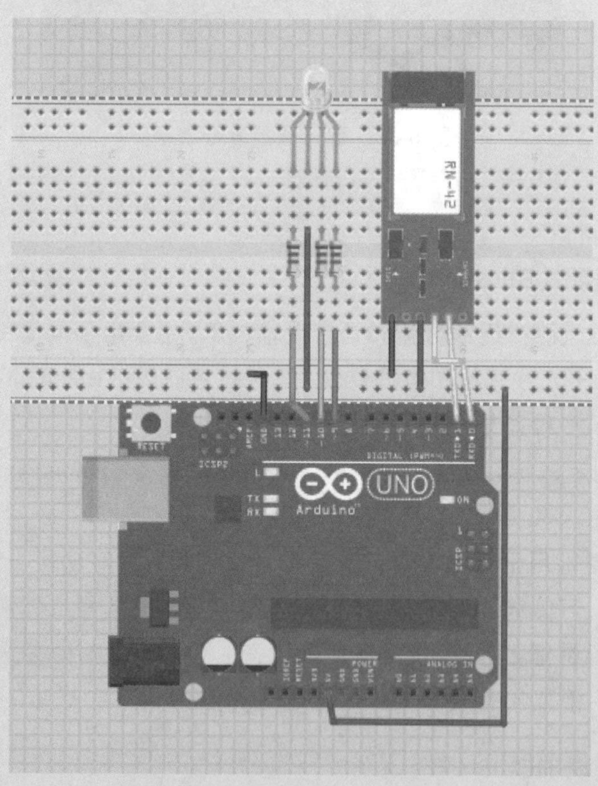

图 6-24　任务 6-4 工作拓展

【考核评价】

1. 任务考核

表 6-11　任务 6-4 考核表

考核内容		考核评分		
项目	内　容	配分	得分	批注
工作准备（30%）	能够正确理解工作任务 6-4 内容、范围及工作指令	10		
	能够查阅和理解技术手册，确认 Arduino UNO 开发板技术标准及要求	5		
	使用个人防护用品或衣着适当，能正确使用防护用品	5		
	准备工作场地及器材，能够识别工作场所的安全隐患	5		
	确认设备及工具量具，检查其是否安全及正常工作	5		
实施程序（50%）	正确辨识工作任务所需的 Arduino UNO 开发板	10		
	正确检查 Arduino UNO 开发板有无损坏或异常	10		
	正确选择 USB 数据线	10		
	正确选用工具进行规范操作，完成装置安装、调试和维护	10		
	安全无事故并在规定时间内完成任务	10		
完工清理（20%）	收集和储存可以再利用的原材料、余料	5		
	遵循维护工作程序清洁垃圾、清洁和整理工作区域	5		
	对工具、设备及开发板进行清洁	5		
	按照工作程序，填写完成作业单	5		
考核评语	考核人员：　　　　日期：　　　年　月　日	考核成绩		

2．任务评价

表 6-12　任务 6-4 评价表

评价项目	评价内容	评价成绩	备注
工作准备	任务领会、资讯查询、器材准备	□A □B □C □D □E	
知识储备	系统认知、原理分析、技术参数	□A □B □C □D □E	
计划决策	任务分析、任务流程、实施方案	□A □B □C □D □E	
任务实施	专业能力、沟通能力、实施结果	□A □B □C □D □E	
职业道德	纪律素养、安全卫生、器材维护	□A □B □C □D □E	
其他评价			
导师签字：	日期：	年　月　日	

注：在选项“□”里打“√”，其中 A：90～100；B：80～89；C：70～79；D：60～69；E：不合格。

任务 6-5　嵌入式 Wi-Fi 遥控装置设计

项目 6 操作视频

【任务要求】

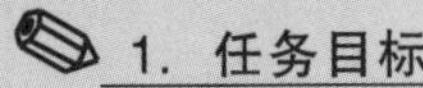

1. 任务目标

使用 Arduino UNO 开发板编程实现 Wi-Fi 遥控双色 LED。

2. 任务描述

随着科学技术的高新快速发展，很多操作都可以通过 Wi-Fi 来智能控制，比如家居中的窗帘、车库门、平移门等，都可以通过远程 Wi-Fi 控制器来控制，轻轻松松来实现远程 Wi-Fi 一键控制。

本次任务我们使用 Arduino UNO 开发板编程实现由 ESP8266 Wi-Fi 模块与安卓智能手机之间的通信控制。并通过安卓智能手机的 APP 实现对 Arduino UNO 开发板双色 LED 模块的无线控制。

3. 任务分析

本次任务使用的 Wi-Fi 模块电路原理如图 6-25 所示。其中 Wi-Fi 模块连接到 Arduino UNO 开发板上，其引脚 VCC 和 GND 分别连接到 UNO 开发板中的 + 5 V 和 GND 引脚，引脚 TXD 和 RXD 分别连接到 UNO 开发板中的 RXD（D0）和 TXD（D1）。

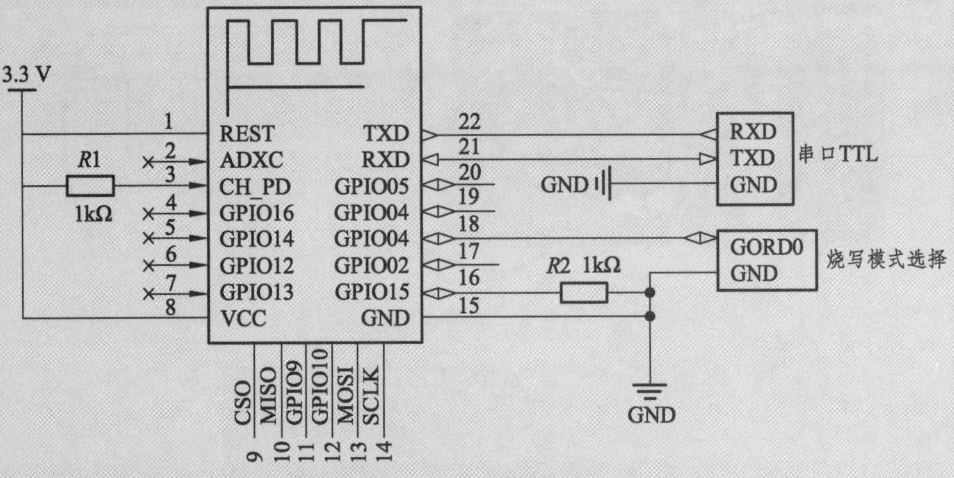

图 6-25　Wi-Fi 模块电路原理

【工作准备】

1．材料准备

本次任务所需电子元件材料如表 6-13 所示。

表 6-13　任务 6-5 电子元件清单

序号	元件名称	规格	数量
1	开发板	Arduino UNO	1 个
2	数据线	USB	1 条
3	面包板	MB-102	1 个
4	Wi-Fi 模块	ESP8266	1 个
5	双色 LED 模块	红、绿	6 个
6	杜邦线	公对母	若干

2．注意事项

（1）作业前请检查是否穿戴好防护装备（护目镜、防静电手套等）。

（2）检查电源及设备材料是否齐备、安全可靠。

（3）检查开发板、Wi-Fi 模块、双色 LED 模块有无损坏或异常。

（4）作业时要注意摆放好设备材料，避免伤人或造成设备材料损伤。

【任务实施】

第 1 步：完成 Arduino UNO 开发板与其他电子元件的硬件连接，如图 6-26、图 6-27 所示。

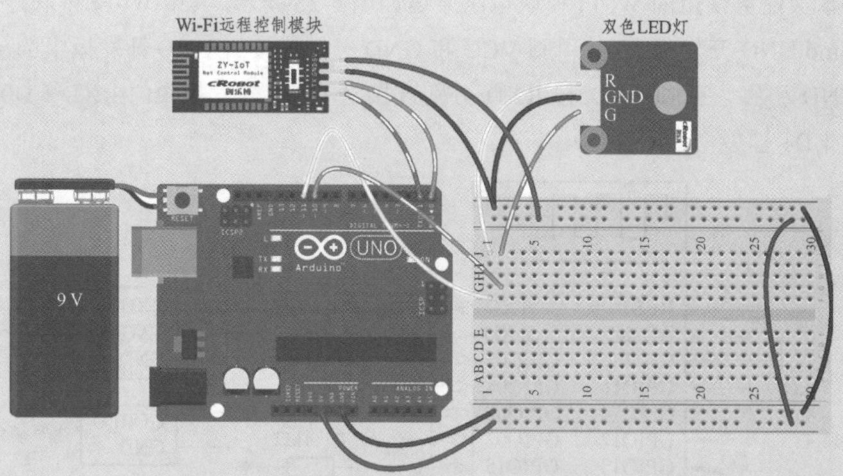

图 6-26　Wi-Fi 遥控电路设计

图 6-27　Wi-Fi 遥控硬件连接

第 2 步：创建 Arduino 程序“demo_6_5”。程序代码如下：

```
int RED_LED_Pin = 11;         //红色 LED
int GREEN_LED_Pin = 10;   //绿色 LED
int incomingByte = 0;           //  接收到的  data byte
String inputString = "";          //  用来储存接收到的内容
boolean newLineReceived = false; //  前一次数据结束标志
boolean startBit   = false;   //协议开始标志
int tep = 0;
String returntemp = ""; //存储返回值
void setup()
{
     //初始化 LEDIO 口为输出方式
    pinMode(RED_LED_Pin, OUTPUT);
    pinMode(GREEN_LED_Pin, OUTPUT);
    Serial.begin(9600); //波特率 9600 (Wi-Fi 通信设定波特率)
     inputString.reserve(35);
    //LED 初始化低电平
    digitalWrite(RED_LED_Pin, LOW);
    digitalWrite(GREEN_LED_Pin, LOW);
}
void loop()
{
     while (newLineReceived)
     {
         if(inputString.indexOf("LED") == -1)//如果要检索的字符串值“LED”
                                                        没有出现
         {
             returntemp = "$LED-2,#";       //返回不匹配
             Serial.print(returntemp); //返回协议数据包
             inputString = "";       // clear the string
             newLineReceived = false;
             break;
         }
         if(inputString[7] == '1')    //RED
         {
             int i = inputString.indexOf("L1");
             int ii = inputString.indexOf("-", i);
```

```
        if(ii > i && ii > 0 && i > 0 )
        {
          String sRedPWM = inputString.substring(i + 2, ii);
          Serial.println(sRedPWM);
          int iRedPWM = sRedPWM.toInt();
          int outputValue = map(iRedPWM, 0, 100, 0, 255);
          analogWrite(RED_LED_Pin, outputValue);
        }
        else
        {
          returntemp = "$LED-1,#";      //返回匹配失败
          Serial.print(returntemp); //返回协议数据包
          inputString = "";     // clear the string
          newLineReceived = false;
          break;
        }
      }
      else
      {
        analogWrite(RED_LED_Pin, 0);//红灯灭
      }
       Serial.println(inputString[11]);
      if(inputString[11] == '1')   //Green
      {
        int i = inputString.indexOf("L2");
        int ii = inputString.indexOf("-", i);
        if(ii > i && ii > 0 && i > 0 )
        {
          String sGreenPWM = inputString.substring(i + 2, ii);
                     Serial.println(sGreenPWM);
          int iGreenPWM = sGreenPWM.toInt();
          int outputValue = map(iGreenPWM, 0, 100, 0, 255);
          analogWrite(GREEN_LED_Pin, outputValue);
        }
        else    //如果检索到 ii 和 i 的顺序不对或者没有检索到 ii 或者 i
```

```
            {
              returntemp = "$LED-1,#";       //返回匹配失败
              Serial.print(returntemp); //返回协议数据包
              inputString = "";      // clear the string
              newLineReceived = false;
              break;
            }
         }
         else
         {
            analogWrite(GREEN_LED_Pin, 0);//control);
         }
            inputString = "";
            newLineReceived = false;
      }

}
void serialEvent()
{
   while (Serial.available())
   {
      incomingByte = Serial.read();
      if(incomingByte == '$')         //如果到来的字节是'$',开始读取
      {
         startBit= true;
      }
      if(startBit == true)
      {
          inputString += (char) incomingByte;
      }
      if (incomingByte == '^')         //如果到来的字节是'#',读取结束
     {
         newLineReceived = true;
         startBit = false;
      }
```

```
    }
}
```

第 3 步：编译并上传程序至开发板，查看运行效果，如图 6-28 所示。

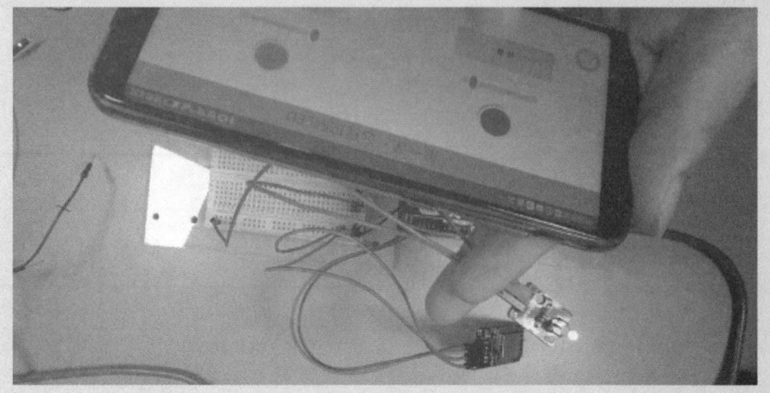

图 6-28 Wi-Fi 遥控运行效果

【技术知识】

1．Wi-Fi 模块 ESP8266

ESP8266 是由乐鑫公司出品的一款物联网芯片，因为价格较低，性能稳定等收到很大关注。该芯片可工作于三种种模式下，分别是 AP 模式、station 模式以及混合模式，通过常用的 AT 指令进行控制。自芯片面世以来发行过多种型号。单单我用过的就有 ESP8266-01，ESP8266-12F，ESP8266-12E 这三种。当然，我没接触到过的型号还有很多。在使用这三种芯片时均是使其工作在 AP 模式下。所以，就拿这三个型号说一下 ESP8266 在 AP 模式下的配置吧（AP 模式下通信协议为 TCP，也就是说 AP 模式下的 ESP8266 相当于一个 TCP 服务器）。

ESP8266 的引脚说明如图 6-29 所示。

- TX：串口写
- GND：接地
- CH_PD：高电平为可用，低电平为关机
- GPIO2：可悬空
- RST：重置，可悬空
- GPIO0：上拉为工作模式，下拉为下载模式，可悬空
- VCC：3.3 V（切不可接 5 V，烧片）
- RX：串口读

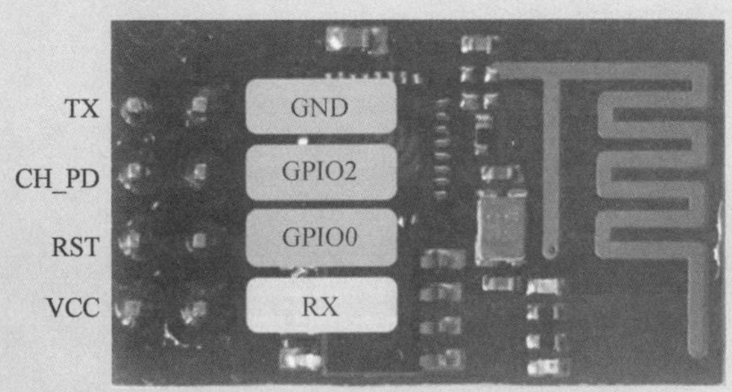

图 6-29 Wi-Fi 模块 ESP8266

2．ESP8266 引脚接线

ESP8266 模块引脚接线如表 6-13 所示。

表 6-13 ESP8266 引脚接线

ESP8266 模块	Arduino UNO 开发板
VCC	3.3 V（不能接 5 V，可能会烧坏）
GND	GND
CH_PD	（10 kΩ 电阻）3.3 V（实际上可以不加电阻）
RX	3（接软串口发送端，自定义）
TX	2（接软串口接收端，自定义）

注：其余引脚都可以悬空不接。

【工作拓展】

使用 Arduino UNO 开发板和蓝牙模块制作如图 6-30 所示的 Wi-Fi 遥控 RGB 全彩 LED 装置。

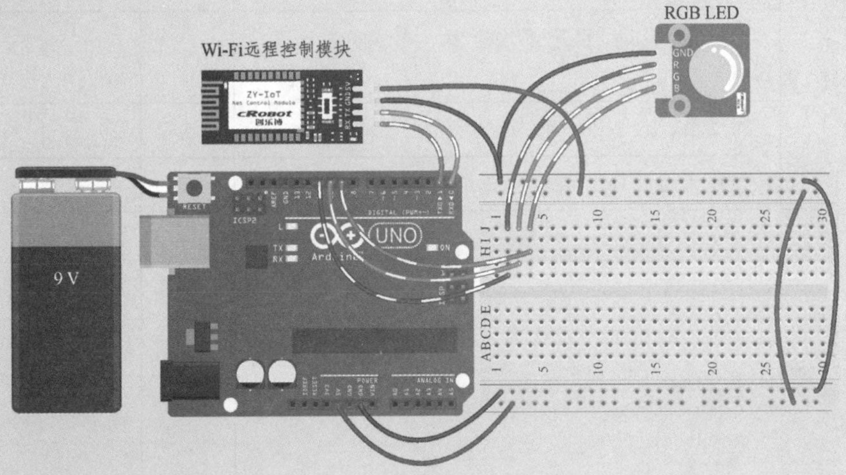

图 6-30 任务 6-5 工作拓展

【考核评价】

1．任务考核

表 6-14　任务 6-5 考核表

考核内容		考核评分		
项目	内　容	配分	得分	批注
工作准备（30%）	能够正确理解工作任务 6-5 内容、范围及工作指令	10		
	能够查阅和理解技术手册，确认 Arduino UNO 开发板技术标准及要求	5		
	使用个人防护用品或衣着适当，能正确使用防护用品	5		
	准备工作场地及器材，能够识别工作场所的安全隐患	5		
	确认设备及工具量具，检查其是否安全及正常工作	5		
实施程序（50%）	正确辨识工作任务所需的 Arduino UNO 开发板	10		
	正确检查 Arduino UNO 开发板有无损坏或异常	10		
	正确选择 USB 数据线	10		
	正确选用工具进行规范操作，完成装置安装、调试和维护	10		
	安全无事故并在规定时间内完成任务	10		
完工清理（20%）	收集和储存可以再利用的原材料、余料	5		
	遵循维护工作程序清洁垃圾、清洁和整理工作区域	5		
	对工具、设备及开发板进行清洁	5		
	按照工作程序，填写完成作业单	5		
考核评语	考核人员：　　　　日期：　　年　月　日	考核成绩		

2．任务评价

表 6-15　任务 6-5 评价表

评价项目	评价内容	评价成绩	备注
工作准备	任务领会、资讯查询、器材准备	□A □B □C □D □E	
知识储备	系统认知、原理分析、技术参数	□A □B □C □D □E	
计划决策	任务分析、任务流程、实施方案	□A □B □C □D □E	
任务实施	专业能力、沟通能力、实施结果	□A □B □C □D □E	
职业道德	纪律素养、安全卫生、器材维护	□A □B □C □D □E	
其他评价			
导师签字：	日期：	年　月　日	

注：在选项“□”里打“√”，其中 A：90～100；B：80～89；C：70～79；D：60～69；E：不合格。

项目小结

本项目介绍了 Arduino 常用遥控通信模块如声控、激光、红外、蓝牙、Wi-Fi 等元器件的应用，并重点介绍了使用 Arduino UNO 开发板调用这些遥控通信模块的硬件电路设计、程序编码，以及调试运行方式。

项目要点：熟练掌握声控、激光、红外、蓝牙、Wi-Fi 等遥控通信模块的使用方法。熟练掌握 Arduino UNO 开发板应用这些模块的电路设计和程序设计方法与技巧。

项目评价

在本项目教学和实施过程中，教师和学生可以根据以下项目考核评价表对各项任务进行考核评价。考核主要针对学生在技术知识、任务实施（技能情况）、拓展任务（实战训练）的掌握程度和完成效果进行评价。

表 6-16　项目 6 评价表

工作任务	评价内容									
	技术知识		任务实施		拓展任务		完成效果		总体评价	
	个人评价	教师评价	个人评价	教师评价	个人评价	教师评价	个人评价	教师评价	个人评价	教师评价
任务 6-1										
任务 6-2										
任务 6-3										
任务 6-4										
任务 6-5										
存在问题与解决办法（应对策略）										

续表

学习心得与体会分享	

实训与讨论

一、实训题

1. 使用 Arduino UNO 开发板和红外遥控器作为控制器设计制作红外遥控智能小车。

2. 使用 Arduino UNO 开发板和蓝牙模块作为控制器设计制作蓝牙遥控智能小车。

二、讨论题

1. 比较红外遥控和蓝牙遥控的优缺点。

2. 目前主流的无线遥控通信技术有哪些？

参考文献

[1] 余崇梓. Arduino 开发实战指南（LabVIEW 卷）[M]. 北京：机械工业出版社，2014.

[2] 沈连丰. 嵌入式系统及其开发应用[M]. 2 版. 北京：电子工业出版社，2016.

[3] 谭会生. ARM 嵌入式系统原理及应用开发[M]. 2 版. 西安：西安电子科技大学出版社，2017.

[4] 王黎明，刘小虎，闫晓玲. 嵌入式系统开发与应用[M]. 2 版. 北京：清华大学出版社，2016.

[5] 温漠洲，肖明耀，郭惠婷. Arduino LabVIEW 嵌入式设计与开发[M]. 北京：中国电力出版社，2016.

[6] 李永华，曲明哲. Arduino 项目开发——物联网应用[M]. 北京：清华大学出版社，2016.

[7] 沈建华，王慈. 嵌入式系统原理与实践[M]. 北京：清华大学出版社，2018.

[8] 田泽. 嵌入式系统开发与应用教程[M]. 北京：北京航空航天大学出版社，2010.

[9] 李永华. Arduino 项目开发：智能控制[M]. 北京：清华大学出版社，2019.